粒子群算法在优化选取问题中的应用研究

尹浩 著

中国水利水电出版社
www.waterpub.com.cn

·北京·

内 容 提 要

　　本书系统深入地总结了各种粒子群算法的理论，以及作者多年来利用粒子群算法在 Web 服务选取和体检项目服务选取问题上取得的主要研究成果。本书通过面向业务、面向功能、固定流程、基于资源独立的 SLA 等级感知、基于资源共享的 SLA 等级感知、MSLA 等级感知多个角度进行建模，结合启发式局部搜索策略、蚁群算法、k 均值聚类算法、约束支配策略等提出 HEU-PSO 算法、ACO-PSO 算法、混合多目标离散粒子群算法和基于资源共享的多目标粒子群算法等混合粒子群算法，同时通过实验验证所提算法在求解效率和求解质量方面优于其他对比算法。

　　本书描述了不同的服务选取模型和相关的粒子群算法，可供从事群智能算法研究的教师、研究人员、相关专业的学生参考。

图书在版编目（CIP）数据

粒子群算法在优化选取问题中的应用研究 ／ 尹浩著.
北京 ： 中国水利水电出版社，2024. 9（2024.11 重印）.
ISBN 978-7-5226-2713-7

　　Ⅰ. TP301.6

中国国家版本馆 CIP 数据核字第 2024MZ8043 号

策划编辑：周益丹　　责任编辑：张玉玲　　加工编辑：刘瑜　　封面设计：苏敏

书　　名	粒子群算法在优化选取问题中的应用研究 LIZIQUN SUANFA ZAI YOUHUA XUANQU WENTI ZHONG DE YINGYONG YANJIU
作　　者	尹浩　著
出版发行	中国水利水电出版社 （北京市海淀区玉渊潭南路 1 号 D 座　100038） 网址：www.waterpub.com.cn E-mail: mchannel@263.net（答疑） 　　　　sales@mwr.gov.cn 电话：（010）68545888（营销中心）、82562819（组稿）
经　　售	北京科水图书销售有限公司 电话：（010）68545874、63202643 全国各地新华书店和相关出版物销售网点
排　　版	北京万水电子信息有限公司
印　　刷	三河市德贤弘印务有限公司
规　　格	170mm×240mm　　16 开本　　12 印张　　228 千字
版　　次	2024 年 9 月第 1 版　　2024 年 11 月第 2 次印刷
定　　价	68.00 元

前　　言

优化问题自提出以来一直是当今社会最广泛的一类问题，其基本思想是在一个决策空间中找到一个最优解，使目标在决策空间中达到最优。在日常生活或处理工程问题的过程中，人们经常遇到在某个问题有多个解决方案可供选择的情况下，如何根据自身提出的某些性能要求，从多个可供选择的方案中选择一个可行方案，使所要求的性能指标达到最大或最小

长期以来，人们对优化问题进行探讨和研究。早在 17 世纪，英国牛顿和德国莱布尼茨创立的微积分就蕴含了优化的内容。而法国数学家柯西则首次利用梯度下降法解决无约束优化问题，后来针对约束优化问题又提出了 Lagrange 乘数法。人们关于优化问题的研究工作，随着历史的发展不断深入。20 世纪 40 年代，由于科学技术突飞猛进的发展，尤其是高速数字计算机日益广泛应用，使优化问题的研究不仅成为一种迫切的需要，而且有了求解的有力工具。因此出现了线性规划、整数规划、非线性规划、几何规划、随机规划等许多优化理论的分支和算法。

随着社会生产力的发展，人类所进行的生产实践活动越来越复杂，所涉及的优化问题向大规模、高维度、多层次化、强约束化发展，对算法的性能尤其是效率提出了更高的要求。不同于传统的数学优化方法，群智能优化算法是一种基于群智能算法构建的随机优化方法，通过搜索代理的不断迭代演化对解空间进行搜索，能够有效克服传统优化算法运行过程中遇到的瓶颈，如运行效率低、花费时间长、收敛精度低、收敛速度慢等问题。粒子群算法是群智能的重要分支之一，是受鸟群、鱼群等生物群落的防御、猎食行为中的搜索策略启发而形成的。它收敛速度快，需要设置的参数少，在函数优化、神经网络训练、模式分类、模糊系统控制以及其他工程领域得到了广泛应用，并受到学术界的广泛关注。

本书是在参阅国内外有关粒子群算法的文献基础上，结合作者多年来利用粒子群算法在 Web 服务选取和体检项目服务选取问题上取得的主要研究成果，综合而成。全书总共 8 章。第 1 章为绪论，主要介绍了群智能算法、粒子群算法的起源，以及 Web 服务组合优化与体检项目服务选取问题。第 2 章介绍了粒子群算法的不同形式和研究现状。针对单个等级的服务选取问题，第 3、4、5 章分别提出

了面向业务服务选取、面向功能的大规模服务选取和固定流程的体检项目服务选取三种服务模式，并且分别将它们转换为多约束单目标优化模型然后进行求解，主要解决大规模服务求解的效率和质量问题。针对多个等级的服务选取问题，第 6、7、8 章分别提出了基于资源独立的 SLA 等级感知服务组合、基于资源共享的 SLA 等级感知服务组合、MSLA 等级感知体检项目服务选取三种部署策略，并且分别将它们转换为多约束多目标优化模型进行求解，提高问题求解质量和效率的同时，增加了资源的利用率和提高了等级之间的优先级别。

  本书引用了大量文献资料，在此向原作者表示深深的谢意。群智能以及粒子群算法的研究工作尚处于发展中，有许多内容待进一步研究与完善，为此，书中错误和不妥之处在所难免，恳请读者不吝赐教指正。

作　者

2024 年 4 月

目　　录

第1章 绪　论

1.1　群智能算法概述

通过对自然界生物群体的研究发现，群体系统所拥有的鲁棒性和应对复杂问题的解决能力，往往是依靠一套在个体间和个体与环境间的交互规则完成的。例如，单只蚂蚁的能力极其有限，但当它们组成蚁群时，却能够完成筑巢、觅食、清扫蚁穴等复杂行为；一群看似盲目的蜂群，却能造出精美的蜂窝；鸟群在没有集中控制的情况下能够同步飞行等。

通过模拟生物在自然界中的优胜劣汰规则，便产生了仿生智能优化算法的群智能优化算法[1,3]（简称群智能算法），这是一种基于生物群体行为规律的计算技术。群体指的是"一组相互之间可以进行直接通信或间接通信（通过改变局部环境）的主体，这些主体能够通过合作进行分布式问题的求解"。群智能指的是"无智能的主体通过合作表现出智能行为的特性"，如蜜蜂采蜜、筑巢和蚂蚁觅食、筑巢等行为都需要依靠群体的协作。这种自然系统解决问题的能力，要优于彼此分离的个体所组成的系统。群智能在没有集中控制且不提供全局模型的前提下，为寻找复杂分布式问题的解决方案提供了一种新途径。与传统算法相比，群智能算法理论简单、易于实现、适应性强且鲁棒性强，因此，该算法受到越来越多研究者的关注。群智能算法的优点可归纳如下。

（1）鲁棒性强：由于智能系统的控制是分布式的，因此它的适应力强，对于某些个体的故障，其群体仍能维持整体的性能。

（2）并行性好：由于种群中的个体是分布式的，因此可更好地利用多处理器，使算法更加适合网络环境下的工作。

（3）要求低：对问题所对应的目标函数是否具有连续性、可导性和可微性无要求，算法的适用性广。

（4）通信花费少：个体通过对环境的感知自适应调节个体的信息交流方式，使系统具有良好的扩展性和安全性。

（5）简单易行：系统中个体行为简单，执行时间短，易于实现。

（6）自组织性强：个体在协同合作中使群体显示出复杂且智能的行为，使系统具有自调节性。

群智能算法中主要模拟了生物行为的四个过程：一是将生物群体的进化和觅食行为看作优化和搜索的过程；二是将生物个体看作搜索空间中的点；三是将待求解问题的目标函数看作个体适应环境的能力；四是将进化过程中的优胜劣汰看作搜索和优化过程中用好的可行解替换较差解的迭代过程。群智能算法的缺点是早熟、收敛速度慢。目前，基于群智能算法的仿生算法主要有以下几种。

（1）粒子群算法[4]：模拟鸟群在空中合作找到食物的觅食过程。

（2）蚁群优化算法[5]：模拟蚁群通过规划最短路径来寻找食物的觅食过程。

（3）人工蜂群算法[6,8]：模仿蜂群在飞行中收到其他蜂传递的食物源位置来判断和寻找最优蜜源的行为过程。

（4）人工鱼群算法[9]：通过模拟鱼群在水域中的聚集行为而找到最优食物源的过程。

（5）灰狼优化算法[10,12]：模拟灰狼群体在自然界中围捕猎物的行为和灰狼的等级制度。

（6）萤火虫算法[13]：模拟萤火虫的闪光行为，用亮度吸引其他萤火虫聚集的群体行为。

（7）布谷鸟搜索算法[14]：模仿布谷鸟随机搜寻寄生鸟巢并孵化鸟蛋的繁衍行为过程。

（8）蝙蝠算法[15]：模仿蝙蝠在黑暗中利用超声波躲避障碍物和搜寻食物的行为过程。

采用群智能理论解决工程优化问题的过程易于实现，算法中仅涉及一些基本参数操作，其数据处理过程对 CPU 和内存的要求也不高。群智能算法是一种能够有效解决大多数全局优化问题的方法。更重要的是，群智能潜在的并行性和分布式特点，为处理大量分布式存储的数据提供了技术保证。无论是从理论研究还是从应用研究的角度分析，群智能研究都具有重要的学术意义和现实价值。

1.2　粒子群算法的起源及基本形式

1.2.1　粒子群算法的起源

在詹姆斯·肯尼迪（James Kennedy）发表粒子群算法的文章中，他认为粒子群算法受鸟类群体规律的研究的启发。其中克雷格·雷诺兹（Craig Reynolds）的鸟群仿真（Bird Flocking Simulation）[16]被认为是粒子群算法的启发模型。早期电影业对鸟群仿真有着很大需求，在动画片的三维场景中需要展现鸟群在都市飞行的动画。鸟群穿梭在楼群中，时而分群，时而合并，在空中演绎着美丽的图案。但是，早期人们对鸟群飞行规律认识不够，所以仿真效果一直都很不理想。

后来美国洛杉矶一家电脑公司的制图专家 Reynolds，利用计算机"程序鸟"仿真鸟群的飞行动画，取得了意想不到的效果。"程序鸟"又被称为类鸟，类鸟的行动没有受到统一命令的控制，并且每只类鸟的能力有限，只受其临近类鸟的影响。在此基础上，Reynolds 提出了三条简单的规则来仿真这种复杂的生物群体行为。

（1）避免碰撞（Collision Avoidance）：避免和邻近的个体相碰撞。

（2）速度一致（Velocity Matching）：和邻近的个体的平均速度保持一致。

（3）向中心聚集（Flock Centering）：向邻近个体的平均位置移动。

如图 1.1 所示，白色的三角形代表要调整自身状态的类鸟；黑色的三角形表示鸟群中的其他鸟；灰色的圆表示白色类鸟的邻域，在此区域内的所有黑鸟属于白色类鸟的邻居。图 1.1 分别说明白色类鸟是如何根据三条简单的规则调整自身飞行方向的。

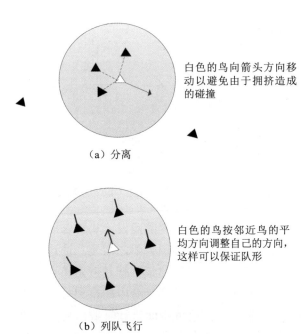

白色的鸟向箭头方向移动以避免由于拥挤造成的碰撞

（a）分离

白色的鸟按邻近鸟的平均方向调整自己的方向，这样可以保证队形

（b）列队飞行

图 1.1（一） 类鸟仿真中的三种状态

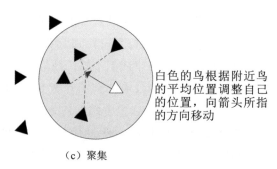

白色的鸟根据附近鸟的平均位置调整自己的位置，向箭头所指的方向移动

（c）聚集

图 1.1（二）　类鸟仿真中的三种状态

　　每只鸟都有对整个空间的几何描述，每只鸟都需要定义邻域，以确定在哪个范围内的鸟属于它的邻居，然后根据邻域的鸟调整自身的位置以及速度的大小和方向。定义邻域需要两个参量：距离（distance）和角度（angle）。如图 1.2 所示，距离量定义了一个半径为 distance 的圆（球）形区域，确定鸟的飞行方向，将两侧旋转角度为 angle 的区域作为鸟的可视区域，在距离和角度确定的区域内的鸟类属于其邻居，邻域外的鸟类对其的影响可忽略不计。按照以上规则，就可以在虚拟世界中仿真出鸟群的行为规律。鸟通过简单的规则，完成穿越障碍物、群体的分离和重新聚集等复杂行为。

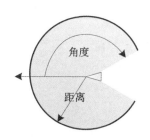

图 1.2　类鸟的邻域

　　粒子群算法主要受鸟群觅食的启发。鸟群在食物比较分散的地形觅食，当一只鸟发现食物后，其附近的鸟也会随之而来。通过这种方式，食物的信息得以有效传递。对每只鸟来说，最佳的策略就是搜索离食物最近的鸟的周围区域。粒子群算法中的粒子行为保留了鸟群算法中的聚集行为，省略了鸟之间的安全距离，这样可以使粒子在任意尺度的空间进行收敛。粒子群算法中的 Lbest 模式［粒子群中，每个粒子的 p_g（群体最优经验位置）取其邻近粒子的较优位置，而非全局模式的种群最优位置］继承了鸟群算法仿真中的邻域概念。

　　从群智能角度看，群智能中的"主体"应具备如下能力：

（1）能够完成简单的时间和空间的计算。

（2）能够对环境因素的变化产生回应。

（3）具有一定的逆向搜索能力，防止陷入局部最优区域。

（4）具有一定的稳定性，当环境发生变化的时候，能够保持自身的行为模式。

（5）具有一定的自适应性，当确定有利的情况下，能够改变自身的行为模式。

Reynolds 的鸟群算法和粒子群算法中的粒子都具备以上能力。例如，粒子可以通过目前的位置计算适应度，具有一定的计算能力；当优于经验位置时，会更新自身的经验位置，具有对环境产生反馈的能力；粒子通过自身经验相对群体最优经验区域进行逆搜索，防止算法陷入局部最优。粒子在整个搜索过程中始终保存着自身经验和群体经验两种信息，采用这两种信息引导搜索方向的搜索模式。根据不同的搜索阶段，粒子群算法可以通过调整惯性因子适应新的环境。

1.2.2　粒子群算法的基本形式

在粒子群算法中，每个优化问题的解可以看作搜索空间中一只无质量、无体积的"鸟"，称为"粒子"，所有粒子构成粒子群。每个粒子具有位置、速度和适应度值等属性：位置即解空间中的向量，速度包括位置移动的大小和方向，适应度值与待优化函数的函数值有关。每个粒子不清楚目标的具体位置，但清楚自身历史位置的好坏，也知道哪个粒子离目标最近。每个粒子根据历史最优位置和整个群体最优位置，带着一些随机扰动决定下一步的移动。最终，粒子群作为一个整体，像一个鸟群一样合作寻觅食物，很有可能靠向目标函数最优点移动。

粒子群算法是一种基于迭代模式的优化算法，最初被用于连续空间的优化。在连续空间坐标系中，粒子群算法的数学描述如下[17]。

一个由 m 个粒子（particle）组成的群体在 D 维搜索空间中以一定速度飞行，每个粒子在搜索时，考虑自己搜索到的历史最好点和群体内或邻域内其他粒子的历史最好点，在此基础上变化位置（位置也就是解）。粒子群的第 i 个粒子是由三个 D 维向量组成的，其三部分如下。

（1）目前位置：$\boldsymbol{x}_i = (x_{i1}, x_{i2}, \cdots, x_{iD})$。

（2）历史最优位置：$\boldsymbol{p}_i = (p_{i1}, p_{i2}, \cdots, p_{iD})$。

（3）速度：$\boldsymbol{v}_i = (v_{i1}, v_{i2}, \cdots, v_{iD})$。

这里，$i = 1, 2, \cdots, n$。目前位置被看作描述空间点的一套坐标，在算法的每一次迭代中，目前位置 $\boldsymbol{x}_i$ 作为问题解被评价。如果目前位置好于历史最优位置 $\boldsymbol{p}_i$，那么目标位置的坐标就存在第二个向量 $\boldsymbol{p}_i$。另外，整个粒子群中迄今为止搜索到的最优位置记为 $\boldsymbol{p}_g = (p_{g1}, p_{g2}, \cdots, p_{gD})$。

对于每一个例子，其第 d 维（$1 \leqslant d \leqslant D$）根据如下等式变化：

$$v_{id} = v_{id} + c_1 r_1 (p_{id} - x_{id}) + c_2 r_2 (p_{gd} - x_{id}) \tag{1.1}$$

$$x_{id} = x_{id} + v_{id} \tag{1.2}$$

式中，学习因子 c_1 和 c_2 是非负常数。这两个常数使粒子具有自我总结和向群体中优秀个体学习的能力，从而向自己的历史最优点以及群体内或邻域内的全局最优点靠近，c_1 和 c_2 通常等于 2。r_1 和 r_2 是取值介于 (0,1) 之间均匀分布的随机数。$v_{\max}$ 是常数，限制了速度的最大值，由用户设定。粒子的速度被限制在区间 $[-v_{\max}, v_{\max}]$ 内，即在速度更新公式执行后有下式：

$$\text{if } v_{id} < -v_{\max} \quad \text{then} \quad v_{id} = -v_{\max} \tag{1.3}$$

$$\text{if } v_{id} > v_{\max} \quad \text{then} \quad v_{id} = v_{\max} \tag{1.4}$$

基本粒子群算法流程如下。

第 1 步：初始化，在 D 维问题空间中随机产生粒子的位置与速度。

第 2 步：评价粒子，对每一个粒子评价 D 维优化函数的适应度值。

第 3 步：更新最优，①比较粒子适应度值与它的个体最优值 p_{best}，如果优于，则将 p_{best} 设置为当前粒子位置；②比较粒子适应度值与群体全体最优值 g_{best}，如果好于 g_{best}，则设置 g_{best} 位置为当前粒子位置。

第 4 步：更新粒子，按照式（1.1）和式（1.2）改变粒子的速度和位置。

第 5 步：停止条件循环回到第 2 步，直到满足终止条件，通常是满足适应度值长时间不更新和到达最大迭代代数。

1.3 Web 服务组合优化选取问题

Web 服务是一种构建面向服务架构（Service Oriented Architecture，SOA）的新颖分布式计算技术，定义了应用程序如何在 Internet 上实现互操作，极大地拓展了应用程序的功能。Web 服务的相关知识包括定义、特点、关键技术等，以及服务组合的概念和目前的实现技术。

1.3.1 Web 服务

Web 服务是自描述、模块化、由统一资源定位系统（Uniform Resource Locator，URL）标识的应用程序，是一种部署在 Web 上的对象，它采用基于可扩展标记语言（Extensible Markup Language，XML）和 Internet 的开放标准，支持基于 XML 的接口定义、发布和发现[18]。关于 Web 服务，有以下几种不同的定义。

（1）W3C：Web 服务是由 URL 标识的软件系统，其接口和绑定可以通过

XML 进行定义、描述和发现。Web 服务通过基于 Internet 的协议使用 XML 的消息和 Web 服务或者其他软件系统直接交互[19]。

（2）Microsoft：Web Service 是为其他应用提供数据和服务的应用逻辑单元，应用程序通过标准的 Web 协议和数据格式获得 Web 服务，如超文本传输协议（Hyper Text Transfer Protocol，HTTP）、XML 和简单对象访问协议（Simple Object Access Protocol，SOAP）等，每个 Web 服务的实现是完全独立的[20]。Web 服务具有基于组件的开发和 Web 两者的优点，是 Microsoft 的.Net 程序设计模式的核心。

（3）IBM：Web 服务是一种自包含、自解释、模块化的应用程序，能够被发布、定位并且从 Web 上的任何位置进行调用[21]，它可以执行从简单请求到错综复杂的商业处理过程的任何功能。从理论上讲，一旦对 Web 服务进行了部署，其他 Web 服务应用程序就可以发现并调用已部署的服务。

从外部使用者的角度而言，Web 服务是一种部署在 Web 上的对象或者组件，它具备以下特点[22]。

（1）完好的封装性：Web 服务是一种部署在 Internet 上的对象，仅对外部提供调用接口，只将其接口和服务描述开放，而不开放具体实现细节，具备对象的良好封装性。

（2）松散耦合：当一个 Web 服务的实现发生变更时，调用者不会察觉到。对调用者来说，只要 Web 的调用接口不变，Web 服务实现的任何变化变更对他们来说都是透明的，甚至是当 Web 服务的实现平台从 J2EE 迁移到.Net 平台或者是相反的迁移流程，用户都可以对此一无所知。

（3）使用协议的规范性：首先，作为 Web 服务，对象界面所提供的功能应当使用标准描述语言描述（比如 WSDL）。其次，由标准描述语言描述的服务界面应当是能够被发现的，因此这一描述文档需要被存储在私有或公有的注册库里面。同时，使用标准描述语言描述的协议不仅是服务界面，它将被延伸到 Web 服务的集合、跨 Web 服务的事务、工作流等，而这些又都需要服务质量（Quality of Service，QoS）的保障。再次，由于安全机制对于松散耦合的对象环境非常重要，因此需要对诸如授权认证、数据完整性、消息源认证以及事务的不可否认性等运用规范的方法进行描述、传输和交换。最后，所有层次的处理都应当是可管理的，因此需要对管理协议运行同样的机制。

（4）使用标准协议的规范性：所有公共的协议完全需要使用开发的标准协议进行描述、传输和交换。这些标准协议具有完全免费的规范，以便由任意方进行实现。

（5）高度可集成性：Web 服务采取简单的、易理解的标准 Web 协议作为组件界面描述和协同描述规范，完全屏蔽了不同软件平台的差异，无论是 CORBA、DCOM 还是 EJB，都可以通过这一种标准协议进行互操作，实现了在当前环境下最高的可集成性。

SOA 由三个参与者和三个基本操作构成[23]，如图 1.3 所示，其展示了 SOA 中参与者间的协作。

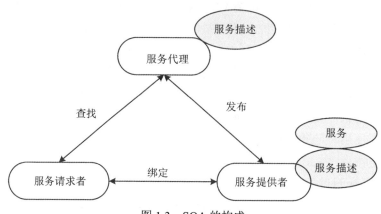

图 1.3　SOA 的构成

三个参与者分别是服务提供者（Service Provider）、服务请求者（Service Requester）和服务代理（Service Registry）；三个基本操作分别为发布（Publish）、查找（Find）和绑定（Bind）。服务提供者将服务发布到服务代理的一个目录上（通常是 UDDI）；当服务请求者需要调用该服务时，它首先利用服务代理提供的目录搜索该服务，得到如何调用该服务的信息；然后根据这些信息调用服务提供者发布的服务。当服务请求者得到调用所需服务的信息之后，通信是在服务请求者和提供者之间直接进行的，而无须经过服务代理。

1.3.2　Web 服务组合

Web 服务为异构、自治和松散耦合的分布式应用提供了一种集成和交互机制。但是单一的 Web 服务功能简单，难以满足某些实际应用的需求，因此需要把现有的单个 Web 服务组合成功能复杂的增值服务。Web 服务组合就是通过服务查找以及服务之间的接口集成，将多个自治的 Web 服务根据应用需要进行组合，从而提供新的、功能更强的 Web 服务；一个组合服务是一些独立的、相互协同的 Web 服务的聚集，并把它所聚集的 Web 服务作为自己的组件来看待。

近年来随着 Web 服务组合研究的展开，不同的研究人员对 Web 服务组合的概念有着不同的认识。以下几个定义从不同的角度对 Web 服务组合进行了描述。

（1）Web 服务组合是支持业务流程逻辑的一组 Web 服务，其本身既可以是最终的应用，也可以是新的 Web 服务，组合是通过确定不同 Web 服务的执行顺序和 Web 服务之间的复杂交互来实现的。

（2）文献[24]认为 Web 服务组合就是研究如何通过组合自治的 Web 服务而获得新功能，通过组合有助于减少新应用的开发时间和费用。

（3）文献[25]认为 Web 服务组合实际上是服务提供者将已有的 Web 服务作为新服务的构筑模块重用，并且在总体上实现对各个模块的增值。这种增值体现在新的服务满足特定需求的能力，以及可以提供更高的可用性和 QoS 保障。

从上述定义可以看出 Web 服务的价值在于服务重用，重用的目的是使服务增值。Web 服务组合是通过各个小粒度的 Web 服务相互之间通信和协作来实现大粒度的服务功能；通过有效联合各种不同功能的 Web 服务，组合服务开发者解决更为复杂的问题，达到服务增值的目的。从服务组合的定义出发，完全实现的自动 Web 服务组合具有以下特点。

（1）层次性和可扩展性：Web 服务组合通过重用并组装已有的 Web 服务来生成一个更大粒度的服务，使得组合的 Web 服务具有层次性和可扩展性。

（2）动态与自适应性：Web 服务组合是一个动态、自适应的过程，它在标准协议的基础上根据客户的需求，对封装特定功能的现有服务进行动态地发现、组装和管理。

（3）提高了组合与交易过程的自动化程度：Web 服务组合通过动态的语义分析与服务的自动化匹配，减少了不必要的人工干预，易于实现动态电子商务交易过程的自动化。

（4）提高了软件生产率：通过重用已有的服务，并自动化生成新的服务或系统，极大提高了软件的生产效率。

随着 Web 服务应用的不断深入，如何实现自动的服务组合已成为业界和学术界的关注热点。当前工业界和学术界从不同角度对服务组合进行了大量研究，提出了各种服务组合技术，主要分为以下几类。

（1）基于工作流的服务组合：基于工作流的服务组合是通过定义一个 Web 服务的执行流程来实现的[26]，在流程中详细说明了 Web 服务之间的控制流和数据流[27]。XLang 是微软公司在 Web 服务组合邻域提出的一种语言，主要用于描述企业间的 Web 服务交互；Web 服务流语言[28]（Web Service Flow Language，WSFL）是 IBM 公司提出的一种基于 XML 的 Web 服务组合描述语言，它强调了 Web 服务的组合和相应的消息交互序列描述，本身未涉及业务流程模型；Web 服务的业务流程执行语言[29]（Business Process Execution Language for Web Service，

BPEL4WS）是 IBM、微软和 BEA 公司在 2002 年提出的一种基于工作流的 Web 服务组合描述语言，综合 WSFL 面向图形与 XLang 结构化的特点，是当前 Web 服务组合的主流描述语言。

（2）基于语义的 Web 服务组合：语义 Web 的目的是让 Web 上的数据可以被机器理解和自动化处理，使计算机可以智能处理和集成这些信息，结合语义 Web 的 Web 服务将是一种更为智能的服务，从而使 Web 服务实现质的飞跃；语义网服务本体语言（Web Ontology Language for Services，OWL-S）采用 OWL 语言专门描述 Web 服务，它的使用使服务的自动发现、自动调用、自动交互、自动集成、自动执行监控与恢复、自动模拟和验证成为可能。

（3）基于人工智能（Artificial Interligence，AI）规划的服务组合：基于 AI 规划的服务组合[30]方法将经典的 AI 规划思想引入服务组合技术。目前的研究工作主要借助 AI 邻域的经典研究方法，如情景演算、规划域定义语言、定理证明等，并与语义 Web 技术相结合，研究语义 Web 服务、组合目标分解、组合推理机组合服务模型的自动构造。要达到 AI 规划方法的目标，即实现全自动的服务组合，本身是一个十分复杂的过程，目前这一方法还处于探索阶段。

Web 服务组合的方法多种多样，既有工业界的标准，也有抽象的建模方法，但都趋于实现动态的自动服务组合。由于服务执行环境的动态性以及服务本身的自治性，组合服务的正确性和失效恢复缺乏有效保证，完全实现自动的服务组合还有许多待解决的问题。

1.3.3　Web 服务选取

由于用户并不需要了解服务组合过程，他最终关心的是选取到的组合 Web 服务是否满足功能和 QoS 属性要求。并且，随着 Web 服务技术的广泛应用，Web 服务数量逐渐增多，网络上提供同一功能的 Web 服务也越来越多，能够提供增值功能的组合服务也越来越得到人们的重视。用户在关注组合服务功能的同时，更加注重组合服务诸如可靠性、可用性、执行时间、价格等 QoS 数据能否满足自己的需求。因此，如何能够在大量实现相同功能的 Web 服务中选取出一组服务，使得组合服务具有良好的质量、较高的用户满意度已经成为一个亟待解决的问题。Web 服务选取的目标就是根据用户对组合服务质量的要求，选择出一组服务使得最终的组合服务具有最好的用户满意度和最优的服务质量。

目前已经存在大量的 Web 服务选取的研究成果[31-39]。对于单服务等级协议（Service Level Agreement，SLA）等级的服务选取问题，在求解方式上分为确定性求解算法和启发式求解算法两种。虽然确定性求解算法能够求得最优服务组合实例，但需要遍历整个服务组合空间，求解速度慢，只能用于求解小规模问题。Zeng L[40]等人首先采用线性加权法把用户的多个 QoS 要求聚合为一个目标函数，之后采用传统的线性规划、整数规划方法优化该函数，获得全局最优解。叶世阳[41]等人考虑服务间的依赖关系，提出一种支持服务关联关系的 QoS 描述方法，并基于整数规划设计了选择算法，虽然能得到问题的最优解，但是时间复杂度高。Dai Y[42]等人提出了支持组合服务选取的 QoS 模型的层次结构，并且利用剪枝算法对组合服务空间进行穷尽搜索。为了进一步提高问题求解规模，Alrifai M[43]等人及吴建[44]等人引入数据库查询中的 skyline 方法缩小服务范围，然后采用线性规划方法进行求解；胡建强[45]等人通过局部优化选择算法对服务空间进行过滤，然后用整数规划方法进行全局最优的服务选取。

　　然而在实际应用当中能够在有限时间内求得满足需要的服务组合实例更为重要，因此目前大部分的研究都集中在启发式求解算法方面。刘书雷[46]等人把服务选取问题建模成多约束最优路径问题，用遗传算法求解虽然能解决问题但是算法复杂度高。倪晚成[47]等人用 Dijkstra 最短路径算法对服务组合问题进行优化，选择的服务能满足 QoS 需求，但对服务状态的复杂性没有考虑。Zhang C[54]等人和蒋哲远[48]等人将该问题表示为单目标问题，然后利用遗传（Genctic Algorithm，GA）算法对该问题进行求解。陈彦萍[49]等人利用极大熵函数将服务选取问题转化为单目标优化问题，然后提出了一种基于社会认知智能优化算法的服务选取方法。Yu Q[50]等人提出了利用遗传算法对服务模型中的多条规划路径进行优化选取的智能协同优化服务选取算法。

　　夏亚梅[51-52]提出基于蚁群优化（Ant Colony Optimization，ACO）算法的多信息素动态更新的蚁群（Multi-Pheromone and Dynamically Updating Ant Colony Optimization，MPDACO）算法，先进行局部搜索对候选服务进行排序，基于局部优化进行全局解的查找，没有考虑整体的协调性并且易陷入局部最优。温涛[53]等人提出了改进离散粒子群（Multimodal Delayed Particle Swarm Optimization，MDPSO）算法，能在一定程度上改进服务组合问题的求解质量，但是一种元启发式优化算法无法很好平衡全局和局部的优化效果。在文献[54]中，作者对于这个问题给出了一种遗传算法，包括染色体编码的特殊关系矩阵、人口进化函数和模拟退火处理人口多样性。在文献[55]中，提出了一种新的由随机粒子群算法和模拟退火算法组成的协作进化算法用于解决该问题。

　　对于多 SLA 等级的服务选取问题，直到 2012 年 Wada H[56]等人才开始同时考虑多个服务等级，将该问题转化为多目标优化问题，并提出求解该问题的 E3-MOGA 算法和 NSGA-II 算法。与单目标不同，算法中不用为优先级不同的目标设置权重而且能找到质量相同的多个解。但算法仍然存在以下不足之处。

（1）两个算法中包含了太多的目标函数，即所有等级中服务组合的所有 QoS 属性。这种情况下，当服务组合和 SLA 等级数量增长时，目标函数的数量将会显著增长。

（2）由于这两种算法中交叉和变异的个体都以均匀随机的方式选出，因此它们不能保证优良的候选个体以较大的可能被选择并参与到新一代群体的产生。

（3）在环境选择的个体适应度值评价时，两个算法的适应度函数只考虑了个体支配其他个体的强度，没有考虑个体被支配的强度，使相同支配等级的个体支配度值相同。从而这两个算法收敛速度慢，易陷入局部最优，并且当问题规模过大时，不易得到令人满意的解集。

（4）算法没有考虑各等级之间的差别，不能对不同等级进行区别对待。另外，多 SLA 等级的服务选取算法都是基于资源独立的前提假设，事实上服务资源共享能提高资源的利用率，并且扩大组合服务的搜索空间，从而查找到更合理的组合服务。

综上所述，对于单 SLA 等级服务选取问题，确定求解算法能找到问题的最优解，但算法时间复杂度高，只适用于规模较小的问题，当问题规模较大时求解时间长；对于大规模的服务选取算法，启发式搜索算法能在多项式时间内求得问题的解集，但是求解精度不够，易陷入局部最优。针对不同的服务模式和 QoS 模型特点，本书将单 SLA 等级服务选取问题转化为不同形式的多约束单目标优化问题进行求解，并且基于粒子群算法易实现、并行计算、群体寻优等特点改进启发式搜索算法，提高问题的求解精度和效率。对于多 SLA 等级服务选取问题，本书将重新建立问题模型，将其转化为不同形式的多约束多目标问题，增加基于粒子群算法以及相关的优化策略，改进已有算法中的不足，并且增加对资源共享的服务选取问题的研究，以提高资源利用率，扩大组合服务的搜索空间。

1.4　体检项目服务选取问题

世界卫生组织研究表明，大多数情况下导致疾病的原因是人们自身不良的生活方式、生活习惯、不当行为、不可取心态及不利的生存环境等主客观因素复合作用的结果，如果人们能及时调整和改变这些问题，可免于罹患这些疾病。另据统计，依靠先进医疗设备和药物只能救 17% 的人于病痛，而做好预防和养成科学的生活方式却可将疾病的侵袭降低 70%；每投入 1 单位的成本用于疾病预防可节约约 9 倍的治疗费用或近 100 倍的抢救费用，且后两种情况下对身体的损伤并未纳入考察范围。因此，作为预防疾病重要手段的健康体检日渐受到重视。

1.4.1 健康体检

健康体检指通过医学手段和方法对受检者身体状况进行检查，了解受检者健康状况，以期早期发现疾病和健康隐患的诊查行为[58]。近年来，随着科技的进步、经济社会的飞速发展和物质水平的不断提高，人们的健康意识，尤其是疾病预防意识显著增强，健康体检行业发展迅猛。统计数据显示，2023 年我国健康体检的人次约为 5.25 亿，占总人口的 37.23%。虽然绝对人次数已经远超美国、日本和德国等发达国家，但相比于上述国家健康检查率的 73.4%、74.2% 和 96.9%，我国覆盖率仍不足，提高空间较大[59]。因此，我国健康体检市场潜力仍巨大，发展前景广阔。

随着人们保健意识的不断增强，人们对健康也有了更深刻的理解和认识，并形成了需求，健康体检越来越受到社会和政府的普遍关注和重视。在自我感觉身体健康时，每年进行全面的身体检查，通过专业的医疗仪器的检查和专家的诊断，对自己的健康状况有了一个更详细的了解，做到"未雨绸缪""防患于未然"，这种关注自己健康的行为已被大多数人所接受，并把健康体检作为现代人生活水平提升的重要标志[60]。

一分预防胜似十二分治疗。一级预防是无病防病，二级预防是早期发现早期治疗，三级预防是治病防残、延长生命、提高生存质量。健康体检是对身体健康状况的一次清理，对一些大的疾病可以进行筛查。因此要重视和按时进行体检。

健康体检可做到以下几个方面的预防工作。

（1）可早期发现身体潜在的疾病。对社会人群进行定期健康体检，使受检人员在主观症状的情况下，发现身体潜在的疾病。以早期发现、早期诊断、早期治疗疾病、从而达到预防保健和养生的目的。

（2）健康体检是制定疾病预防措施和卫生政策的重要依据。利用健康体检的大量体检资料数据，通过卫生统计、医学科研方法，对某地区、某群体的健康状况及疾病的发病情况和流行趋势进行统计分析，为制定卫生政策法规等提供科学依据。

（3）社会性体检是发现某些职业禁忌证或某些人群的传染病、遗传病，保证正常工作和生活的重要手段。

（4）在招生、招工、招聘公务员、征兵等场景中，体检是一项必不可少的工作。健康体检对他们适应环境、新工作是十分重要的，也是培养合格人才的重要条件。

（5）对从事出入境、食品和公共场所的工作人员进行体检，能及时发现他们中的传染病，是控制传染、切断传播途径的重要措施，从而使社会人群免受传染，同时也能保证被检者身体健康。

（6）对从事或接触有职业危害因素的人员进行上岗前的职业性和定期性的健康体检，可以早期发现职业病和就业禁忌症，尽快采取措施，降低或消灭职业病的发生，早期治疗职业病或阻止病态发展，以保证职工健康和改善职工工作环境。

（7）婚前健康检查可以发现配偶双方的遗传病、传染病及其他暂缓或放弃婚姻的疾病，是保证婚后家庭幸福、婚姻美满、减少和预防后代遗传性疾病发生以及提高人口素质的重要手段。

通过体检，可以随时掌握自己身体的状况，建立起自己的健康档案，若有病症，提早发现并及时采取对策；能够在疾病的早期进行预防和治疗，大大降低了发病率、致残率、死亡率。健康体检的目的就是让人们合理地恢复健康、拥有健康、促进健康，有效降低医疗费用开支，更好地提高生活质量和工作效率，保持健康状态。

国家卫生健康委员会健康体检项目，将体检按照类别划分为定期体检、预防性体检、鉴定性体检等几类。

其中，定期体检指按照对疾病的相关要求，以一定时间规律（每半年、每年、每两年等）进行的例行体检。

随着年龄的增长，人类罹患某些疾病的机会也在增加。这些疾病在早期大都是没有明显症状的，但往往有严重的后果。可幸的是它们能在早期发现并及时治疗，所以普通人群应该定期（每年或每两年）对自己的身体情况进行检查，预防某些疾病的发生。普通人的定期体检项目包括以下几种。

（1）一般形态：主要检查身高、体重、胸围、腹围、臀围等，评估营养、形态发育等一般情况。

（2）内科：主要检查血压、心肺听诊、腹部触诊、神经反射等项目。

（3）外科：主要检查皮肤、淋巴结、脊柱四肢、肛门、疝气等。

（4）眼科：检查视力、辨色、眼底、裂隙等，判断有无眼疾。

（5）耳鼻喉科：检查听力、耳疾及鼻咽部的疾病。

（6）口腔科：包括口腔疾患和牙齿的检查。

（7）妇科：已婚女性的检查项目，根据需要进行宫颈刮片、分泌物涂片、TCT（液基细胞学检查）等检查。

（8）放射科：进行胸部透视，必要时加拍 X 光片。

（9）检验科：包括血尿便三大常规、血生化（包括肝功能、肾功能、血糖、血脂、蛋白等）、血清免疫、血流变、肿瘤标志物、激素、微量元素等检查。

（10）辅诊科：包括心电图、B超（肝、胆、胰、脾、肾、前列腺、子宫、附件、心脏、甲状腺、颈动脉）、TCD（颈颅多普勒超声检查，判断脑血管的血流情况）、骨密度等检查。

1.4.2　体检项目服务选取

目前我国各类体检机构有5000余家，虽然体检套餐名目繁多，但实际检查内容和功能差异不大。例如，沈阳市某人民医院常规体检项目包括血常规、肝功转氨酶、胃幽门螺杆菌（唾液）、血脂系列、血糖、肾功系列、尿常规、心电图、肺CT、内外耳鼻口腔科、眼科、腹部肝胆脾彩超、甲状腺彩超、子宫阴式彩超。

某大健康常规体检项目包括一般检查（内外科、血压、身高）、妇科常规检查、白带常规、宫颈刮片、外眼和眼底、静态心电图、血常规18项、肝功能、肾功能、总胆固醇、甘油三酯、血糖、蛋白芯片检测、尿常规12项、胸部正位检查、肝胆脾胰肾B超、乳房（双侧）B超、TCD。

某体检中心常规体检套餐包括科室检查7项：口腔科、内科、妇科常规、眼科、TCT、一般检查（身高、血压）、外科；实验室检查6项：尿常规、癌胚抗原（定量）、甲胎蛋白（定量）、甲功三项、大生化、血常规（5分类）；医技检查9项：双侧乳腺彩超、甲状腺彩超、幽门螺杆菌检测（C14呼气）、肝胆脾胰肾彩超、输尿管和膀胱彩超、TCD、心电图、子宫和双附件彩超、胸部正位成像；专项检查：人体成分分析（体脂肪、体重、BMI、非脂肪量）。

这些体检机构提供的体检套餐虽然名称和组织形式多样，但是都包含基本项目，科室检查：内科、外科、耳鼻喉科、眼科、一般检查；实验室检查：血常规、尿常规、肝功、肾功、血糖、血脂；医技检查：甲状腺彩超、肝胆脾胰肾彩超、心电图、胸部成像。对于这些项目，不同体检机构检查的内容虽一样，但服务体验却存在差异，这个服务体验的差异可以通过医疗服务质量（Quality of Medical Service，QoMS）属性来衡量，如体检项目的价格、医生的专业程度、检查时长等方面。

由于多数体检机构都会提供不同QoMS属性的相同体检项目，因此用户可以根据自己的需求，组合不同体检机构提供的体检项目形成定制的体检套餐。例如三甲医院的体检机构X，血常规的价格为38元，检查时长为10分钟；B超价格158元，检查时长为55分钟（包括取片）；心电图检查价格为60元，检查时长为30分钟。专业体检机构Y，血常规的价格为28元，检查时长为8分钟；B超价格 145 元，检查时长为 40 分钟（包括取片）；心电图检查价格为 48 元，检查时长为 30 分钟。从数据上可以看出体检机构 Y 的血常规、B 超、心电图的检查项目在价格和检查时长上都优于体检机构 X，但是体检机构 X 作为三甲医院的体检中心，其医疗水平更能得到用户的认可，可以认为体检机构 X 的信誉度更高。对于用户需要完成这个三项目的体检套餐，并且要求 B 超有三甲或者以上医院的水平，那么体检套餐可以由体检机构 X 的 B 超项目，体检机构 Y 的血常规项目和心电图项目构成。这种定制的体检套餐，满足用户需求的同时，在价格上优于体检机构 X 给出的体检套餐，在信誉上优于体检机构 Y 给出的体检套餐。因此，一方面，为了能够提供性价比高、更有市场竞争力的体检项目组合服务；另一方面，为了满足用户个性化的需求，并且实现体检机构之间资源的优化配置，本书将针对体检项目服务选取问题进行研究。

如何能够在大量相同功能的体检项目服务中选取出一组项目，使得组合服务具有良好的质量、较高的用户满意度的体检项目服务组合问题，已经成为一个亟待解决的问题。体检项目服务选取的目标就是根据用户对体检项目组合服务质量的要求，选择出一组体检项目服务，使得最终的体检项目组合服务具有最好的用户满意度和最优的服务质量。

同时，由于不可避免地出现了许多体检机构提供相同功能体检项目服务的情况，而这些体检项目服务具有不同的 QoMS。QoMS 成为了区别这些相互竞争的服务提供商的主要标准，并且在决定体检项目组合应用的成败中起主要作用。因此，SLA 通常用作一种保证服务消费者和服务提供商之间预期的服务质量水平的协议。这种以 QoMS 属性为基础的体检项目服务选取问题的目标在于找到最好的体检项目服务组合以满足端到端的 QoS 约束，从而实现给定的 SLA 等级。

对于体检项目服务选取问题，本书采用全局优化的算法，着眼于整个体检项目组合服务，能够使选出的体检项目在满足用户需求的前提下，具有最优的 QoMS，并且从单 SLA 等级体检项目服务选取问题和多 SLA 等级体检项目服务选取问题两个角度进行研究。单 SLA 等级体检项目服务选取问题的目标是为用户提供满足一个给定 SLA 等级且质量最优的体检项目服务组合；针对不同的体检项目服务模式和 QoMS 模型特点，将问题转化为不同形式的多约束单目标优化问题进行求解。多 SLA 等级体检项目服务选取问题的目标是为用户提供满足不同 SLA 等级并且质量最优的多个体检项目服务组合；针对不同的体检项目服务部署策略和 QoMS 模型，将问题转化为不同形式的多约束多目标问题进行求解。

1.5 本书的组织

本书中，粒子群算法的研究工作分为两类：单目标粒子群算法和多目标粒子群算法。如图 1.4 所示，在单目标粒子群算法方面，分别将单 SLA 的 Web 服务选取和单医疗服务等级协议（Medical Service Level Agreement，MSLA）等级体检项目服务选取问题转换为多约束单目标优化问题进行求解，并且提出了求解面向业务服务选取问题的单目标粒子群算法、求解面向功能的大规模服务选取问题的单目标粒子群算法和求解固定流程的体检项目服务选取问题的单目标粒子群算法。在多目标粒子群算法方面，分别将 SLA 等级感知的 Web 服务选取和 MSLA 等级感知体检项目服务选取问题转化为多约束、多目标优化问题，并提出了基于资源独立的 SLA 等级感知服务组合问题的混合多目标离散粒子群算法、基于资源共享的 SLA 等级感知服务组合问题的多目标粒子群算法和 MSLA 等级感知体检项目服务选取问题的混合多目标离散粒子群算法。

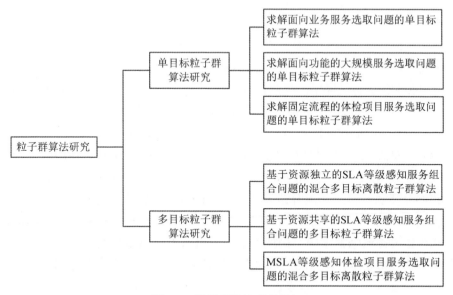

图 1.4 粒子群算法研究框架

（1）求解面向业务服务选取问题的单目标粒子群算法。针对面向业务服务选取问题，本书提出了一种求解该问题的启发式粒子群（Heuristics Particle Swarm Optimization，HEU-PSO）算法，建立了单目标粒子优化模型。在该算法中，根据问题的特征，定义了从粒子群的连续搜索空间到问题离散解空间的映射。为了提高算法的性能，引入了启发式局部搜索策略；将其与粒子群算法结合，对粒子找到的有希望的局部区域进行深入搜索。并将 HEU-PSO 算法与已提出的算法进行了比较分析。结果显示对于大多数测试问题，HEU-PSO 算法在求解质量和效率方面都优于比较算法。

（2）求解面向功能的大规模服务选取问题的单目标粒子群算法。针对面向功能的大规模服务选取问题，本书提出了一种求解该问题的蚁群粒子群（Ant Colony Optimization-Partical Swarm Optimization，ACO-PSO）算法。该算法先利用α-支配服务 skyline[169]搜索策略过滤抽象服务类相关的冗余候选服务，大力缩减空间提高查找效率；然后利用 k 均值聚类算法[170,171]设计蚁群构造图引导蚂蚁的搜索方向，从而确定局部服务选取的搜索区域；基于已经确定的局部服务选取的搜索区域，利用 HEU-PSO 算法选取具体的组合服务。本书采用标准的真实数据集和综合产生的数据集对方法进行试验评估，并与已提出的算法进行对比。实验结果在解的质量和处理时间方面效果显著。

（3）求解固定流程体检项目服务选取问题的单目标粒子群算法。针对固定流程体检项目服务选取问题，本书利用 HEU-PSO 算法重新建立了求解该问题的单目标粒子优化模型。在该算法中，根据问题的特征，定义了从粒子群的连续搜索空间到问题离散解空间的映射。为了提高算法的性能，引入了启发式局部搜索策略；将其与粒子群算法结合，对粒子查找到的目标局部区域进行进一步搜索。并将 HEU-PSO 算法与已提出的算法进行比较分析。结果显示对于大多数测试问题，HEU-PSO 算法在求解速度和解的质量方面都优于比较算法。

（4）基于资源独立的 SLA 等级感知服务组合问题的混合多目标离散粒子群算法。针对 SLA 等级感知服务组合问题，本书提出了一种求解该问题的混合多目标离散粒子群（Hybrid Multi-Objective Discrete Particle Swarm Optimization，HMDPSO）算法，建立了求解该问题的多目标粒子群算法优化模型。根据该问题的特征，引入 GA 算法中的交叉算子对粒子更新策略进行了重新设计。为抑制群体的早熟收敛并增强群体的全局搜索能力，引入了群体多样性指标并提出了粒子变异策略以增加群体的多样性。为加快获得满足问题约束条件的候选解，提出了一种基于约束支配关系的局部搜索策略并将其结合到 HMDPSO 算法中。最后对 HMDPSO 算法的参数值进行了分析，并将该算法以及融入局部搜索策略的 HMDPSO+算法与已提出的多目标遗传算法（Multi-Objective Gentic Algorithms，MOGA）及非支配排序遗传算法（Nondominated Sorting Genetic Algorithm II，NSGA-II）在不同规模的测试用例上进行了实验对比，结果表明 HMDPSO+算法能够更加有效地解决该问题。

（5）基于资源共享的 SLA 等级感知多目标服务选取问题。针对基于资源共享的 SLA 等级感知多目标服务选取问题，本书重新建立了基于资源共享的多目标服务组合模型，提出了基于资源共享的多目标粒子群算法（Multi-Objective Particle Swarm Optimization algorithm based on resourece sharing，SMOPSO）。根据问题模型的特点，在算法中重新定义了粒子位置形式和粒子部署策略，以体现相同具体服务实例的共享关系，并且将算法所找到的解修正为符合实际情况的资源共享方案的组合；沿用粒子更新策略，对问题空间进行全局搜索；设计了粒子局部搜索策略进行局部深入搜索；提出了粒子变异策略，并在其中定义了群体多样性指标，当群体多样性低于阈值时通过对粒子个体最优位置进行变异，为群体引入新的信息，增加多样性，抑制算法的早熟收敛情况；最后，将此算法与已提出的算法进行对比，并在不同规模的实例上进行测试。

（6）MSLA 等级感知体检项目服务选取问题的混合多目标离散粒子群算法。针对 MSLA 等级体检项目服务选取问题，本书利用 HMDPSO 算法，重新建立了求解该问题的多目标粒子群算法优化模型。根据该问题的特征，利用遗传算法中的交叉算子对粒子更新策略进行了重新设计。为了避免群体过早陷入局部最优并增强群体的全局搜索能力，引入了群体多样性指标并提出了粒子变异策略，以增加群体的多样性。为快速获得满足问题约束条件的候选解，重新定义了基于约束支配关系的局部搜索策略并将其结合到 HMDPSO 算法中。最后对 HMDPSO 算法的参数值进行了分析，并将该算法以及融入局部搜索策略的 HMDPSO+算法与已提出的 MOGA 及 NSGA-II 在不同规模的测试用例上进行了实验对比，结果表明 HMDPSO+算法能够更加有效地解决该问题。

第 2 章　粒子群算法的综述

粒子群算法（Particle Swarm Optimization, PSO）最早由心理学研究者 Kennedy 博士和从事计算智能研究的马丁·埃伯哈德（Martin Elberhart）博士受到人工生命的研究结果启发，于 1995 年提出的一种基于群智能的优化算法[4]。粒子群算法的运行机理不是依赖个体的自然进化规律，而是对生物群体的社会行为进行模拟，它源于对鸟群、鱼群和人类社会行为的研究。在生物群体中，存在着个体与个体、个体与群体之间的相互影响、相互作用，体现为群体中的信息共享机制。

2.1　标准粒子群算法

标准粒子群算法的描述如下：假设搜索空间是 N 维，且群体中有 m 个粒子，那么群体中的第 i 个粒子可以表示为一个 N 维向量：$\boldsymbol{X}_i = (x_{i1}, x_{i1}, \cdots, x_{iN})$（$i = 1, 2, \cdots, m$），即第 i 个粒子在 N 维的搜索空间的位置是 $\boldsymbol{X}_i$，它所经历过的"最好"位置记作 $\boldsymbol{P}_i = (p_{i1}, p_{i2}, \cdots, p_{iN})$（$i = 1, 2, \cdots, m$）。粒子的每个位置代表要求解问题的一个潜在解，把它代入目标函数就可以得到与其相应的适应度值，以此评判粒子的"好坏"程度。在算法执行过程中，粒子邻域内的个体目前为止搜索到的最优位置记作 $\boldsymbol{P}_g^i = (p_{g1}^i, p_{g2}^i, \cdots, p_{gN}^i)$，$g$ 为粒子邻域内的最优粒子的索引，则粒子的位置和速度根据如下方程进行变化：

$$v_{ij}^{(t+1)} = \omega v_{ij}^t + c_1 r_{1j}(p_{ij} - x_{ij}^t) + c_2 r_{2j}(p_{gj}^i - x_{ij}^t) \tag{2.1}$$

$$x_{ij}^{(t+1)} = x_{ij}^t + v_{ij}^{(t+1)} \tag{2.2}$$

式中，$i = 1, 2, \cdots, m$，$j = 1, 2, \cdots, N$，$t = 1, 2, \cdots$；c_1、c_2 为常数，称为学习因子（也称为加速系数）；$r_{1j}, r_{2j} \sim U(0,1)$；$\omega$ 为惯性权重。式（2.1）由三个部分组成，第一个部分是粒子当前的速度，表明了粒子当前的状态；第二个部分是认知部分（Cognition Modal），表示粒子本身的思考；第三个部分为社会部分（Social Modal）。三个部分共同决定了粒子的空间搜索能力。第一个部分平衡了全局和局部搜索能力；第二个部分使粒子有足够强的全局搜索能力，避免局部极小；第三个部分体现粒子间的信息共享。在这三个部分的共同作用下粒子才能有效到达最好位置。粒子新的速度是当前速度与自己个体最优位置的距离以及与群体最优位置距离的和，在计算完新的速度之后，更新粒子的位置，得到新的位置。每个粒子的优劣程度根据事先定义好的适应度函数来评价。

算法中的参数主要有群体规模、学习因子、惯性权重。群体规模过小，陷入局部极优的可能性很大，而群体规模过大将导致计算时间大幅增加，并且当群体数目增长至一定水平时，再增长将不再有显著作用，且收敛速度会变慢；学习因子使粒子具有自我总结和向群体中优秀个体学习的能力，从而向群体内或邻域内最优点靠近；惯性权重能够平衡粒子的探索能力（全局搜索能力）和开发能力（局部精化能力），对算法运行成功与否具有关键作用。较大的惯性权重使粒子在原方向上具有更大的速度，从而飞行得更远，具有更强的探索能力；较小的惯性权重使粒子继承了较小的原方向速度，从而飞行得更近，具有更好的开发能力。可以看出粒子群算法具有如下典型特征。

（1）它有一个初始化过程，在这个过程中，群体中的个体被赋值为一些随机产生的初始解。

（2）它通过产生更好的新一代群体来搜索解空间。

（3）新一代群体产生在前一代的基础之上。

此外，当把群体内所有粒子都作为邻域成员时，得到的粒子群算法为全局版本；当把群体内部分成员组成邻域时，就得到了粒子群算法的局部版本。局部版本中，一般有两种方式组成邻域。一种是索引号相邻的粒子组成邻域，比较典型的有环形结构、轮形结构和星形结构等。这类拓扑结构的最大优点是在确定邻域时不考虑粒子间的相对位置，从而避免确定邻域时的计算消耗。另一种是位置相邻的粒子组成邻域，即基于距离的拓扑结构。每次迭代时，计算一个粒子与种群中其他粒子之间的距离，然后根据这些距离确定该粒子的邻域构成。例如，在搜索开始的时候，粒子的邻域只包含其自身，即将个体最优解作为邻域最优解，然后随着迭代次数的增加，逐渐增大邻域，直到最后将群体中所有粒子作为自己的邻域成员，这样在初始迭代时期可以有较好的探索性能，而在迭代后期可以有较好的开发性能。粒子群算法的邻域定义策略又称为粒子群的邻域拓扑结构。

2.2　离散粒子群算法

粒子群算法及其改进算法主要被设计为在连续论域中搜索数值函数的最优值，并且实验证明它是一个非常有效的工具，具有模型和设计直观简单、容易操作、执行速度快、效率高等优点。由于实际应用中，很多问题被建模在离散空间中，典型的例子包括求离散元素的顺序，如调度、路径等问题。在离散问题中，普通的粒子群算法就显得捉襟见肘了，因为普通粒子群算法最后求得的解不能保证它一定在离散空间中，因此失去了原有的优势。为了弥补粒子群算法求解离散问题时的劣势，人们发展了多种版本的离散粒子群算法，包括基于交换的离散粒子群算法和基于置换的离散粒子群算法。

2.2.1 基于交换的离散粒子群算法

莫里斯·克拉克（Maurice Clerec）在提出模糊离散粒子群算法的同时提出了一个基于交换的离散粒子群算法[60]。基于交换的离散粒子群算法是一种更为脆弱的粒子群算法，用变量论域中的有限个元素进行交换，所以它比连续粒子群算法和模糊粒子群算法更容易陷入局部最优值。

在基于交换的离散粒子群算法中，位置表示为一个离散元素向量。在普通粒子群算法中，速度是一个实数向量，但是在离散粒子群算法中，这种表示不再合适。这种算法用元素的交换表示速度向量中的元素，因为用于交换的值都是离散值（通常是整数），所以交换后的值仍然是离散值：

$$v_i = [(x_{ij} \rightarrow x'_{ij})], \ j = 1, 2, \cdots, L \tag{2.3}$$

式中，x_{ij} 和 x'_{ij} 分别代表位置中的元素，符号 $\rightarrow$ 表示交换，$(x_{ij} \rightarrow x'_{ij})$ 表示用 x'_{ij} 取代 x_{ij}。因为速度是两个位置之间的差，所以 $(x_{ij} \rightarrow x'_{ij})$ 仍然表现了系统的动力学特性，表示粒子从 x_{ij} 移动到 x'_{ij}。L 表示速度向量中元素的个数，它最大不会超过粒子的维数 N（变量的个数），在很多情况下，L 是位于[0，N-1]之间的一个随机数。和连续粒子群算法的主要不同点是，基于交换的离散粒子群算法的速度没有惯性，也就是说不保存上一次计算得到的速度。在连续粒子群算法中，计算当前速度的时候，上一次计算得到的速度结果也参与了计算，并且通常还乘以一个惯性权重；而在基于交换的离散粒子群算法中，这个计算结果不带入下一次计算，每次重新生成。

基于交换的离散粒子群算法改变了速度的表示形式，对应地，计算公式也需要改变，如位置相减、速度相加、位置加速度、系数乘速度等都需要重新定义。

（1）位置相减操作（⊙）：位置减去另外一个位置得一个新的速度，假定 x 和 y 都是位置，那么操作 $x \odot y$ 产生一个新的速度，$v = (x_j \rightarrow y_j)$，$(j = 1, 2, \cdots, N)$，表示粒子从 x 位置向 y 位置移动。

（2）速度相加操作（°）：两个速度相加得到一个新速度。假定 $v = b \odot a$ ，$w = y \odot x$ 都是速度，则操作 $u = v \circ w$ 由下面的公式定义：

$$u_i = \begin{cases} a_i \to y_i, & b_i = x_i \\ a_i \to b_i, & \text{其他} \end{cases} \tag{2.4}$$

（3）位置加速度操作（⊕）：在连续粒子群算法中，速度更新后加上位置得到一个新的位置，在基于交换的离散粒子群算法中也一样，一个位置加上一个速度得到一个新的位置。假定 x 是一个位置，$v = z \odot y$ 是一个速度，那么新的位置 $p = x \oplus v$ 由下面公式产生：

$$p_i = \begin{cases} z_i, & x_i = y_i \\ x_i, & \text{其他} \end{cases} \tag{2.5}$$

式（2.5）说明如果位置 x 和位置 y 有相同的值，则新位置的值为 z 对应的值，否则保持原来的值不变。

（4）系数乘速度操作（⊗）：系数乘速度只改变速度的大小，得到的仍然是一个速度。系数乘速度在不同问题领域有不同的计算方法，在 Clerec 定义的方法中，规定 $c \in [0,1]$，使用下面的公式计算：

$$\begin{cases} c' = rardom(0,1), & c \in [0,1] \\ c' \leqslant c \Rightarrow (i \to j) \xrightarrow{\otimes} (i \to i) \\ c' > c \Rightarrow (i \to j) \xrightarrow{\otimes} (i \to j) \end{cases} \tag{2.6}$$

在重新定义了各种操作之后，原来的连续粒子群算法计算公式则变为如下的新公式：

$$v^{t+1} = c_1 \otimes v^t \circ c_2 \otimes (p_l \odot x^t) \circ c_2 \otimes (p_g \odot x^t) \tag{2.7}$$

$$x^{(t+1)} = x^t \oplus v^{(t+1)} \tag{2.8}$$

Clerec 在提出基于交换的离散粒子群算法之后，用它求解了旅行商问题（Traveling Salesman Problem，TSP）[61]。在这之后，斯库尔斯（Schools）等人用基于交换的离散粒子群算法求解了约束满足问题[62]，对比实验结果证明这种方法是行之有效的。

2.2.2 基于置换的离散粒子群算法

在基于交换的离散粒子群算法的基础上，Rameshkumar K 等人提出了基于置换的离散粒子群算法[63]。基于置换的离散粒子群算法实际上是基于交换的离散粒子群算法一个特例，在基于置换的离散粒子群算法中，不引入新的元素，它只是交换位置中元素的顺序，所以它的一个最突出的应用就是求解带有 AllDifferent

约束的离散问题。AllDifferent 约束是一个典型的非二元约束，它要求约束中的变量具有各不相等的值。因为置换不引入新的值，而只是改变位置向量中元素的顺序，所以如果在构造粒子的初始位置时能够保证 AllDifferent 约束得到满足，那么在以后的算法运行中，这个约束始终会被满足，这样能减少计算 AllDifferent 约束的费用，提高算法的运行效率。

基于置换的离散粒子群算法和基于交换的离散粒子群算法的一个主要不同点就在于速度的运算，在基于置换的离散粒子群算法中，速度表示的是位置元素的交换，不是一种单纯的取代方式。例如 $x^t = (1,3,2,4,5)$ ，$v^{(t+1)} = [(1 \to 3),(2 \to 5),(4 \to 2)]$ ，通过公式 $x^{(t+1)} = x^t \oplus v^{(t+1)}$ 更新粒子的位置，不再是用 1、2、4 分别取代 3、5、2，而是交换 1 和 3 的位置、2 和 5 的位置、4 和 2 的位置，得到 $x^{(t+1)} = (3,1,5,2,4)$ 。在上面的例子中可以看到，x^t 满足 AllDifferent 约束，在位置更新后 $x^{(t+1)}$ 仍然满足 AllDifferent 约束。经过粒子群算法计算公式运算后没有违反 AllDifferent 约束。为了让离散粒子群算法适应于解决 AllDifferent 问题，Yang Q[64]等人稍微改变了原来算法中的一些操作。首先粒子速度的表示和基于交换的离散粒子群算法中粒子速度表示的形式上仍然保持一致，但是含义有所改变：

$$v_i = (x_{ij} \to x'_{ij}), \quad j = 1, 2, \cdots, L \qquad (2.9)$$

式中，x_{ij} 和 x'_{ij} 分别代表位置中的元素，符号 $\to$ 表示交换，在用离散粒子群算法求解约束满足问题时，$(x_{ij} \to x'_{ij})$ 表示用 x'_{ij} 取代 x_{ij} ，在这部分里面，$(x_{ij} \to x'_{ij})$ 表示用 x_{ij} 所在粒子位置中的 x'_{ij} 与 x_{ij} 进行交换，也就是原来 x_{ij} 的值用 x'_{ij} 取代，而 x'_{ij} 的值则用 x_{ij} 取代，因为在所有的运算中不会新加进元素，所以更新后的位置和原来的位置只是在元素的排列上有差异。假设现在有一个位置 $X = (1,3,5,2,4,6)$ ，它的局部最优粒子位置 $p = (2,6,3,5,4,1)$ ，群体中的最优粒子位置 $p_g = (4,6,3,1,5,2)$ ，下面以例子说明离散粒子群算法中算子如何重新定义。

（1）位置相减置算子：两个位置相减得到一个速度，假设 X_1 和 X_2 是两个位置，那么 $X_1 - X_2$ 产生一个速度 $v = [(x_1 \to x_2)]$ （$x_2 \in X_2, x_1 \in X_1$）。例如 $p - X$ ，则有 $v = [(1 \to 2),(3 \to 6),(5 \to 3),(2 \to 5),(4 \to 4),(6 \to 1)]$ ，实际可以看到，如果有重复元素交换，则可以省略，得到 $v = [(1 \to 2),(3 \to 6),(5 \to 3),(2 \to 5),(6 \to 1)]$ 。这个速度说明用 2 和 1 交换位置，3 和 6 交换位置，以此类推。

（2）位置加速度算子：位置和速度相加得到一个新的位置，它是把速度中的元素逐个作用到位置上得到一个新的位置。例如 $X + v$ ，首先用 $(1 \to 2)$ 作用到 X ，有 $X' = (2,3,5,1,4,6)$ ，然后用 $(3 \to 6)$ 作用到 X 有 $X'' = (2,6,5,1,4,3)$ ，以此类推，最后得到 $X^N = (5,1,3,6,4,2)$ 。

在上面的例子中可以看到，更新后的位置和局部最优粒子的位置 p 并不一样，原因在于把速度的第一个元素作用于 X 之后，位置发生改变，再用原来的速度元素作用于位置就不再准确。所以实际上速度是动态产生的，在得到 $X' = (2,3,5,1,4,6)$ 产生速度元素 $(3 \to 6)$ 后，得到 $X'' = (2,6,5,1,4,3)$，之后有 $(5 \to 3)$，得到 $X^3 = (2,6,3,1,4,5)$，最后有速度元素 $(5 \to 1)$，得到 $X^4 = (2,6,3,5,4,1)$ 和局部最优粒子的位置 p 完全一样。为了在形式上和粒子群算法保持一致，用上面的速度表示形式。

（3）速度相加算子：两个速度相加仍然得到一个速度。假设速度 $v_1 = [(x_1 \to x_1')]$，$v_2 = [(x_2 \to x_2')]$，那么两个速度相加 $v = v_1 + v_2 = [(x_1 \to x_1'),(x_2 \to x_2')]$，实际上就是把两个速度放在一个集合里。

（4）系数乘速度算子：系数乘速度仍然得到一个速度，在算法中加速系数都被设置为 1，惯性权重也被设置为 1，r_1 和 r_2 仍然是服从 $U(0,1)$ 均匀分布的随机数。但是在这里不是直接用这些数相乘，而是把 r_1 和 r_2 看作概率选择，在更新速度的时候，以概率 r_1 选择 $(p_i - x_i')$ 中的元素个数，以概率 r_2 选择 $(p_g - x_i')$ 中的元素个数。

在上面的算法中，为了和以前的离散粒子群算法一样，直接用元素交换来表示速度。为了在程序实现中实现方便，一种比较方便的方法是用元素的位置下标交换来表示速度。因为在更新位置之后，元素发生了改变，但是元素的位置下标不会改变。而且和离散粒子群算法求解约束满足问题一样，不保留上一次迭代的速度。基于置换的离散粒子群算法被广泛应用于求解调度问题，文献[65,66]用基于置换的离散粒子群算法求解调度问题，Hu X 等人[67]用它求解 N-Queen 问题。

2.3 粒子群算法研究现状

粒子群算法因其理论简单、容易实现、参数设置少、收敛速度快和适应性强而受到广大学者的关注[4]。虽然该算法具有很多优良特性，如简单性、鲁棒性和灵活性，但仍存在很多缺点，例如以下三点。

（1）由于前期收敛速度快，使得算法的收敛精度降低。

（2）参数的设置也会影响算法的收敛精度，若设置过大，容易使算法错过最优解而导致不收敛；若设置太小，收敛速度慢且易陷入局部最优。

（3）由于所有粒子都趋向最优解的方向，导致粒子失去了多样性，收敛性能差等问题。因此，许多研究人员提出了改进的粒子群算法，通过改善邻域拓扑结构、参数自适应调整、改进学习策略或与其他算法融合等方法提高粒子群算法的性能。下面从四个方面介绍粒子群算法的国内外研究现状。

2.3.1　基于改善邻域拓扑结构的 PSO 算法改进

在文献[69]中，Kennedy J 最早提出几种不同邻域结构的 PSO 算法，把粒子的邻域是自身外的其他粒子，称为全局拓扑结构；粒子的邻域是离自己最近的两个粒子，称为局部拓扑结构。通过比较不同的拓扑结构发现邻域结构对 PSO 算法是有影响的，良好的拓扑结构的表现要胜过标准 PSO 算法。在文献[70-72]中，Kennedy J 和 Mendes R 又进一步对粒子群的拓扑结构进行了研究，从社会学的 small worlds（小世界）概念出发研究粒子间的信息流，提出了一系列的拓扑结构，通过大量的实验研究，对各类拓扑结构的性能进行了分析。文献[73-74]提出了一种基于动态拓扑和目标检测的多群 PSO 算法，随着进化过程而定期减少子群的数量，并根据全局最佳位置的停滞信息对这些粒子群进行重新分组，从而提高开发能力；同时依靠搜索过程中的历史信息检测种群是否被困在潜在局部最优，帮助种群跳出当前局部最优，从而提高勘探能力。在文献[75]中，Zhang K 等人提出了一种基于局部最优解的局部拓扑结构，在迭代过程中找到局部最优来构造拓扑空间，在一定程度上扩大了粒子的搜索空间并提高了收敛速度。在文献[76]中，Lynn N 等人分析了总体拓扑增强人口多样性，改善基于人口的优化算法的性能方面的作用，并提出将总体拓扑集成到其他受自然启发的算法中，开发新颖的总体拓扑，以提高基于总体的优化算法的性能。在文献[77]中，Bonyadi M R 等人提出了一种时间自适应拓扑的 PSO 算法，结合两个本地搜索提高初期的全局搜索能力；再结合协方差矩阵适应进化策略增强搜索后期解的改善能力。在文献[78]中，Lin A P 等人提出了环拓扑增强多样性的全局遗传学习 POS 算法，采用环形拓扑增强多样性和探索性，采用具有线性调整的控制参数的全局学习组件提高算法的适应性。通过实验测试，得出采用环形拓扑可以增强算法的多样性和探索能力。在文献[79]中，Chih M 等人提出了两种新颖的 PSO 算法，随时间变化的加速系数的二进制 PSO 算法和随时间变化的加速系数的混沌二进制 PSO 算法，并证明这两种算法在解决多维背包问题方面的效率。文献[80]提出了以增加拓扑邻域之间的连接关系的方法实现全局和局部搜索的平衡，提高算法的性能。文献[81]提出了一种基于年龄群拓扑的 PSO 算法，将粒子按年龄划分为不同的年龄组，并且选择较年轻的组作为邻域，同时定期更新老化粒子，试验表明该算法的性能明显提高。在文献[82]中，Liang J J 等人提出了改进的动态多群 PSO 算法，整个人群被分成许多小群，通过频繁重组实现群之间的信息交换，提高算法的局部搜索能力。

2.3.2　基于参数自适应调整的 PSO 算法改进

在文献[68]中，Shi Y 等人提出了动态惯性权重的表示方法，验证了惯性权重的变化对 PSO 算法性能的影响，根据当前最好解来评价的惯性权重的增量，使惯性权重线性地从 0.9 至 0.4 变化，这样能提高 PSO 算法的性能。文献[84]提出了一种基于粒子适应度性能来调节参数的 PSO 算法，该方法在不进行参数敏感性分析的情况下，可以有效提高收敛速度，提高解的质量，同时准确调整参数值。在文献[85]中，Mewael I 和 Mohamed G 对原始 PSO 算法进行了修改，使控制参数在特定时刻适应粒子的情况，并提出了自适应控制参数来提高 PSO 算法的性能。在这之后，两人又对参数的灵敏度进行了分析，并测试了它们对 PSO 算法性能的影响，并给出了由灵敏度确定的最佳参数集，测试所提出的参数设置在所有情况下都优于其他方法[86]。在文献[87]中，Tanweer M 等人在 PSO 算法中引入参数的自适应学习策略，通过在最优解附近采用自适应调节的惯性权重，使算法更好地进行局部搜索；通过对全局搜索方向的自适应调节，粒子能更好地在解空间中搜索。在文献[88]中，Ardizzon G 等人将随机的加速度、认知和社会系数以及惯性权重引入算法，利用粒子与历史最佳位置的距离，增强了更接近 G_{best} 中的粒子的局部搜索能力，并提高了粒子的探索能力。在文献[89]中，Juany Y 等人提出了利用模糊集理论自适应地调整 PSO 算法的加速度系数，从而能够提高搜索的准确性和效率。这些改进都是利用粒子根据自身或群体的特性调节其自身的参数，然后调整其搜索行为，从而达到勘探和开发之间的平衡。在文献[90]中，Pradeepmon T G 等人使用鲁棒设计方法确定离散粒子群算法中参数的最佳组合并用以解决二次分配（Quadratic Assignment Problems，QAP）问题。在文献[91]中，Crepinsek M 等人通过引入非线性的参数调节策略平衡算法的探索和开发能力。文献[92]将贝叶斯技术引入 PSO 算法，提出了一种改进的 PSO 算法，通过概率选择实现惯性权重的自调节，从而增强粒子在历史最优位置的搜索能力，建立探索与开发之间的合理权衡。文献[93]提出了一种自适应 PSO 算法，通过评估种群分布和粒子适应度，实时调节进化状态（探索、开发、收敛和跳跃）和系统参数来提高算法收敛性能。

2.3.3　基于改进学习策略的 PSO 算法改进

在文献[94-95]中，Tanweer M R 等人提出了一种基于动态指导和自我调节的 PSO 算法，将粒子分为三组且每组中的每个粒子对速度更新都有不同的学习策略，指导者基于自信心的搜索，从领导者那里获得了指导，而独立学习者则采用了自我感知策略。在文献[96]中，Manoela K 等人提出了一种新的粒子更新方法，将多样性插入种群并改善搜索空间覆盖范围，以加快初始化机制并确保优化过程种群的多样性，同时用一种邻域拓扑以降低过早的收敛。在文献[97]中，Cheng R 等人提出了基于社会学习机制的 PSO 算法，每个粒子都趋向学习当前种群中历史最优位置来更新自己的位置，不受个体自身最优位置的影响。在文献[98]中，Xu H 等人提出了每个粒子的不同维可独立地选择学习，对多样性差的维度重新初始化，保证粒子每一维都是最优状态。在文献[99]中，Koon M A 等人提出了一种无速度约束方程的多群粒子群优化算法，并结合多群技术和概率变异算子的维护种群多样性维护方案，以防止过早收敛，大量试验表明该算法的可行性。在文献[100]中，Wu G 等人提出了基于个体变异算子和基于梯度的搜索技术的方法提高 PSO 算法的性能，最优解会随着进化过程得以维护和更新，每个粒子可以从最优解中全面地学习。在文献[101]中，He S 等人提出了一种具有排斥聚集功能的 PSO 算法，在速度公式中加入随机干扰项，加强粒子间的信息传递，提高算法的性能。在文献[102]中，Wang H 等人提出了基于委员会主动学习的全局模型管理策略的 PSO 算法，根据代理集合搜索最佳和最不确定的解决方案，粒子能主动学习且减少评价的次数。文献[103]提出了动态邻域学习的 PSO 算法，用所有其他粒子的邻域信息中选择的历史最佳信息更新粒子的速度，粒子可以从其附近的历史信息中学习，也可从自身的历史信息中学习，有助于保留种群的多样性，阻止过早地收敛。文献[104]通过在每个粒子的速度更新过程中增加了一个随机干扰项，增加种群的多样性，并提高粒子的收敛性。文献[105]通过将 PSO 算法和 GA 算法结合，根据自身及其邻域的飞行经验调整速度，加速进化过程，而遗传机制增强了种群多样性，高斯变异算子使粒子有机会摆脱局部最优。在文献[106]中，Selvakumar 等人通过在粒子速度更新公式中加入对最差粒子的排斥，使粒子记住其最坏的位置，有助于有效探索搜索空间。文献[107]介绍了一种完全学习策略的 PSO 算法，所有粒子的历史最佳信息用于更新粒子的速度，这种策略可以保留群的多样性，防止过早地收敛而陷入局部最优。

2.3.4 基于与其他算法融合的 PSO 算法改进

通过结合各种算法的优势来丰富粒子的行为模式，提高 PSO 算法的收敛效果，这也是一种改进的思路。文献[108]提出了免疫粒子群算法，既改善了粒子群算法摆脱局部极值点的能力，又提高了算法优化过程中的收敛速度和精度。文献[109]提出了将差分进化算法与 PSO 算法融合，提高 PSO 算法的收敛效果。文献[110]将混沌优化搜索技术引入 PSO 算法，得到混沌映射的粒子群（Chaotic Paticle

Swarm Optimization，CPSO）算法。通过对典型函数测试，仿真结果表明，CPSO 算法的性能（混沌优化算法搜索速度快、计算精度高、容易跳出局部极小的特点）明显优于 PSO 算法。文献[111]将人工蜂群算法与粒子群算法结合，通过基准函数的仿真，证明改进后的算法性能有所提高。文献[112]提出的基于两层模型的多子种群适应多态杂交微粒群免疫算法，通过对若干个子种群进行低层自适应多态杂交微粒群操作，不仅改善了子种群的多样性，还有效抑制了收敛过程中的早熟停滞现象。

在文献[113]中，Kaveh A 和 Talatahari S 提出了一种混合算法，将 PSO 算法、ACO 算法和搜索协调（Hamony Search，HS）算法结合用于桁架结构优化问题中，并取得了很好的优化效果。文献[114]探讨了生物地理学的 PSO 算法，每个粒子都通过结合自己的个人最优位置进行更新，通过生物地理迁移所有其他粒子的最优位置，实验证明效果良好。文献[115]结合进化计算的生物繁衍行为与子群进化的思想来提高 PSO 算法的性能。在文献[116]中，Chen K 等人引入正弦余弦加速度系数控制局部搜索和全局收敛效果，利用正弦图调整惯性权重，并提出新的位置更新公式。由于 GA 算法[117]的探索能力强，文献[118-123]也将 GA 算法与 PSO 算法结合来提高收敛性能，并求解实际问题。文献[124]提出了遗传学习 PSO 算法，采用两级联的层结构，第一层用于粒子的初始化产生，第二层用于粒子更新，通过生成高质量的解指导粒子的演化，提高 PSO 算法的性能。文献[125]提出了一种模拟退火行为与粒子群优化混合算法（The Hybrid Algorithm That Combined Particle Swarm Optimization with Simulated Annealing Behavior，SA-PSO），该算法既具有模拟退火算法的良好的求解质量，又具有 PSO 算法的快速搜索能力。

文献[126]提出了基于历史记忆的复合 PSO 算法，用分布估计算法估计和保存粒子历史有前途的最佳分布信息，每个粒子具有三个候选位置，这些位置是由历史记忆、粒子当前的最佳点和群的最大点生成的。文献[127]将 GA 算法中的变异操作加入 PSO 算法，以高斯突变来更新粒子的最优位置，以提高解的质量。文献[128]提出了具有全局维选择的混合和声搜索 PSO 算法，为了增强粒子在局部领域内的精细搜索，引入基于全局搜索方式的速度更新公式在最差解处进行全局维度选择，可以有效加速收敛。文献[129]提出了混合萤火虫和粒子群（Hybrid Firefly and Particle Swarm Optimization，HFPSO）算法，利用粒子群算法和萤火虫算法机制的长处，实现探索和开发能力的指导和平衡。在文献[130]中，Bouyer A 和 Hatamlou A 将 k 均值聚类算法与改进的布谷鸟算法和 PSO 算法相结合，有效地提供了全局最优解的求解方法。PSO 算法除了在求解约束和无约束优化问题上取得很好的效果，PSO 算法在其他领域中也取得了一些重要的研究成果，如模式识别和图像处理、神经网络训练、无线传感网络优化、电力系统设计、系统辨识、参数估计、半导体参数设计、自动目标检测、生物信号识别、生产或经济决策调度以及游戏训练等领域。通过结合 PSO 算法提高实际问题的计算效率和处理效果，因此 PSO 算法越来越受到广泛关注，也成为解决工程管理领域和大规模优化问题的重要决策方法，具有很大的发展价值和发展空间，在群智能算法中占有重要的地位。

第 3 章 求解面向业务服务选取问题的
单目标粒子群算法

针对面向业务的服务选取问题，本章提出了一种混合 HEU-PSO 算法，建立了求解该问题的单目标粒子群优化模型。在 HEU-PSO 算法中，根据问题的特征，定义了从粒子群的连续搜索空间到问题离散解空间的映射。本章的内容结构如下：3.1 节对该问题的研究现状作简要介绍；3.2 节给出面向业务的大规模服务选取问题的模型；3.3 节给出 HEU-PSO 算法所涉及的多个策略和算法的具体内容；3.4 节为实验部分，将本章算法与已提出的相关算法进行对比；3.5 节是本章小结。

3.1 研 究 现 状

面向业务的服务选取（Business Oriented Service Selection，BOSS）问题是 SOA 中的一个关键问题。在基于工作流的组合应用中，每个应用程序由一个服务集合和一个抽象流程组成，每个抽象服务为应用程序的功能组件，流程定义了它们之间的相互作用。为了实现组合应用的功能，开发者需要通过为组合应用抽象流程中的每个抽象服务选取候选服务，得到服务组合，依靠这些服务组合实现每个抽象服务的功能，并且满足给定的 SLA 等级协议，同时使整体性能最优。这种为了满足一定 SLA 等级，查找每个抽象服务与它候选服务之间最优绑定关系的组合优化问题，称为 BOSS 问题。

关于 BOSS 问题，有人提出过一些确定性算法，Dai Y[42]等人给出了支持组合服务选取的 QoS 模型的层次结构，并且利用剪枝算法对组合服务空间进行穷尽搜索。叶世阳[41]等人考虑服务间的依赖关系，提出一种支持服务关联关系的 QoS 描述方法，并基于整数规划和启发式规则设计了选择算法，整数规划能得到问题的最优解，但是时间复杂度高；启发式规则能改进速度，但易陷入局部最优。随着这种以子任务数目和子任务包含候选服务数目为基础的可能的服务组合数目变得非常巨大，使用已提出的确定性的搜索算法执行穷尽搜索来查找满足一个确定 SLA 水平的最好组合已经不实际。所以，大部分研究集中在启发式算法，尤其是针对找到近似最优组合的启发式算法。文献[131]提出了一种查找近似最优解的启发式算法，效率比精确搜索算法高出许多。该文作者提出了以 QoS 为基础的服务组合问题的两种模型，还介绍了每种模型的启发式算法。文献[54]对于这个问题给出了一种 GA 算法，包括染色体编码的特殊关系矩阵，人口进化函数，以及模拟退火处理人口多样性。文献[55]提出了一种新的由随机 PSO 算法和模拟退火算法组成的协作进化算法用于解决该问题。

但是专注一种元启发式算法，易陷入局部最优，本文结合 PSO 易于实现、并行计算和群体寻优的特点，提出一种求解该问题的 HEU-PSO 算法。

3.2 问题建模

面向业务的大规模服务选取问题是一个查找抽象服务和候选服务之间最优绑定的组合优化问题，是一个 NP 难问题（Non-deterministic Polynrnial-time Hard Problem，NP-Hard Problem）。图 3.1 为 BOSS 问题组合应用的抽象流程，由于抽象流程存在多种结构，存在多条路径，因此面向业务的服务组合可以为用户提供多条实现用户需求的路径，用户从而可以对实现需求的多条路径进行自主选择。并且在 SOA 中，服务等级协议为面向业务的服务组合定义了端到端的 QoS 属性约束，如 latency、cost、reliability 和 throughput，为了满足给定的服务等级协议，开发者需要优化面向业务的服务组合实例，即在 BOSS 问题中应该为抽象服务选取哪些候选服务使约束条件能够被满足。

如图 3.1 所示，组合应用的抽象流程由抽象服务集 S 构成，每个抽象服务 i（$i \in [0, |S|]$）对应一个服务类 $S_i = \{s_{i1}, s_{i2}, \cdots, s_{im}\}$，因此 $S = \{S_1, \cdots, S_{|S|-1}\}$，并且 S_i 由功能相同但 QoS 属性值不同的候选服务构成。由抽象流程及抽象服务类可形成组合服务，具体定义如下。

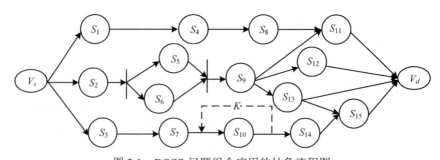

图 3.1　BOSS 问题组合应用的抽象流程图

定义 3.1（面向业务的组合服务）　在 BOSS 问题中，对于与之相关的抽象

流程和流程中的所有抽象服务类 $S = \{S_1, \cdots, S_{|S|-1}\}$，从每个抽象服务类 $S1, \cdots S_{|S|}$ 中选取一个候选服务，所有这些候选服务构成抽象流程的一个面向业务的组合服务（Business Oriented Composite Services，BOCS），从而实现整个组合应用的功能，表示为 $BOCS = \{s_1, s_2, \cdots, s_{|S|}\}$。

抽象流程可以包含不同连接结构[132]，如顺序结构、并发结构、选择结构和循环结构。将抽象流程中的不同结构归纳，如图 3.2 所示，其中顺序结构表示多个任务按照一定的执行顺序运行，如图 3.2（a）所示；并行结构表示一个任务结束后多个任务并行执行，如图 3.2（b）所示；而选择结构表示一个任务结束后，其后的多个任务中只有一个任务能执行，如图 3.2（c）所示，并且每个分支以一定的执行概率 P_i 被选取执行，执行概率是通过历史经验所得出的某一分支执行的可能性；循环结构必须定义最大循环次数 K，让其执行次数不超过 K 次，如图 3.2（d）所示。

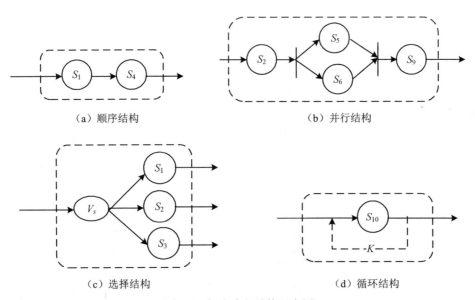

（a）顺序结构　　　　　　　　　　　　（b）并行结构

（c）选择结构　　　　　　　　　　　　（d）循环结构

图 3.2　组合流程结构示意图

为了计算组合服务端到端的 QoS 属性，用向量 $\boldsymbol{Q}(s_{ij}) = [q_1(s_{ij}), q_2(s_{ij}), \cdots, q_r(s_{ij})]$ 表示第 i 个抽象服务类中第 j 个候选服务 s_{ij} 的 QoS 属性值，其中函数 $q_k(s_{ij})$ 表示候选服务 s_{ij} 第 k 个 QoS 属性值。然后，对于包含 n（$n \in [1, |S|]$）个成员服务的组合服务 $BOCS = \{s_1, s_2, \cdots, s_n\}$ 的 QoS 属性值，由向量 $\boldsymbol{Q}_{BOCS} = [q_1'(BOCS), q_2'(BOCS), \cdots, q_r'(BOCS)]$ 表示，其中 $q_k'(BOCS)$ 为第 k 个属性端到端的 QoS 属性估计值，由组合服务中各成员服务相应的 QoS 属性值聚合计算得到；且 $s_1, s_2, \cdots, s_n$ 分别为来自

抽象服务类 $S_1, \cdots, S_n$ 的候选服务。

该问题中所涉及的属性为延迟时间（latency）、费用（cost）、可靠性（reliabiltiy）和吞吐量（throughput），分别用 Q_1、Q_2、Q_3、Q_4 表示。表 3.1 给出了 QoS 属性在不同流程结构下的 QoS 属性的聚合方式，当抽象服务并行连接时，聚合的吞吐量为并行连接分支中较小的吞吐量，聚合的延迟时间为并行连接分支中较大的延迟时间，聚合费用为并行连接所有分支费用的和，聚合的可靠性为并行连接所有分支可靠性的乘积。

表 3.1　QoS 属性的权重和聚合方式

属性	聚合函数	
	并行	顺序
延迟时间$\prod_L$	$\max\limits_{j \in 并行抽象服务} Q_1(s_{jk})$	$\dfrac{\sum\limits_{j \in 顺序抽象服务}(Q_1(s_{jk}))}{\sum\limits_{j \in 顺序抽象服务}}$
费用$\prod_C$	$\sum\limits_{j \in 并行抽象服务} Q_2(s_{jk})$	$\sum\limits_{j \in 顺序抽象服务} Q_2(s_{jk})$
可靠性$\prod_R$	$\prod\limits_{j \in 并行抽象服务} Q_3(s_{jk})$	$\prod\limits_{j \in 顺序抽象服务} Q_3(s_{jk})$
吞吐量$\prod_T$	$\min\limits_{j \in 并行抽象服务} Q_4(s_{jk})$	$\min\limits_{j \in 顺序抽象服务} Q_4(s_{jk})$
延迟时间$\prod_L$	$\sum\limits_{j \in 选择抽象服务} P_j \times Q_1(s_{jk})$	$\sum\limits_{j \in 循环抽象服务} Q_1(s_{jk})$
费用$\prod_C$	$\sum\limits_{j \in 选择抽象服务} P_j \times Q_2(s_{jk})$	$\sum\limits_{j \in 循环抽象服务} K \times Q_2(s_{jk})$
可靠性$\prod_R$	$\sum\limits_{j \in 选择抽象服务} P_j \times Q_3(s_{jk})$	$\sum\limits_{j \in 选择抽象服务} Q_3(s_{jk})^K$
吞吐量$\prod_T$	$\sum\limits_{j \in 选择抽象服务} P_j \times Q_4(s_{jk})$	$\sum\limits_{j \in 循环抽象服务} Q_4(s_{jk})$

当抽象服务顺序连接时，聚合吞吐量为顺序连接服务中较小的吞吐量，聚合的延迟时间为顺序连接所有服务延迟时间的平均值，聚合费用为顺序连接所有服务费用的和，聚合的可靠性为顺序连接所有服务可靠性的乘积。

当抽象服务按选择结构连接时，则聚合 QoS 属性，包括 Q_1、Q_2、Q_3、Q_4，由两步得到：①每个分支连接服务的 QoS 属性为对应分支执行概率与该服务 QoS 属性的乘积；②聚合 QoS 属性为所有分支服务 QoS 属性的和。

当抽象服务按循环结构连接时，聚合的吞吐量为循环中服务的吞吐量，聚合的延迟时间为循环中服务的延迟时间，聚合的费用为循环中服务费用和循环次数的乘积，聚合的可靠性为循环中服务可靠性的循环次数次幂。

对于图 3.1 抽象流程中所包含的关于节点 V_s、S_9、S_{13} 的三个选择结构，假设它们对应的分支相对执行概率都相等，则抽象流程所有分支的相对执行概率如图 3.3 所示，用 p_i 表示每个抽象服务 i 所对应的相对执行概率。

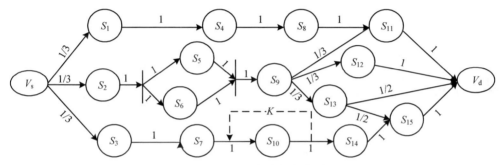

图 3.3   分配相对执行概率的抽象流程示例

定义 3.2（执行路径）   在 BOSS 问题中，对于抽象流程，将从原点到终点的一条可以执行的路径定义为组合应用的执行路径，抽象流程中的每条路径只包含选择结构中的一个分支操作，但包含并行分支的所有分支操作。

每条执行路径都有一个相对执行概率，用 ξ_i 表示，每条执行路径的相对执行概率 ξ_i 为该路径中所有选择结构中所选分支操作相对执行概率的乘积。因此，如果抽象流程共有 K 条可执行路径，则 $\sum\limits_{i=1}^{K} \xi_i = 1$。图 3.3 中共有六条可执行路径，它们的相对执行概率如表 3.2 所示。

表 3.2   抽象流程的可执行路径及相对执行概率

可执行路径	相对执行概率
R_1：$\{V_s, S_1, S_4, S_8, S_{11}, V_d\}$	$\xi_1=1/3$
R_2：$\{V_s, S_2, S_5, S_6, S_9, S_{11}, V_d\}$	$\xi_2=1/9$
R_3：$\{V_s, S_2, S_5, S_6, S_9, S_{12}, V_d\}$	$\xi_3=1/9$
R_4：$\{V_s, S_2, S_5, S_6, S_9, S_{13}, V_d\}$	$\xi_4=1/18$
R_5：$\{V_s, S_2, S_5, S_6, S_9, S_{13}, S_{15}, V_d\}$	$\xi_5=1/18$
R_6：$\{V_s, S_3, S_7, S_{10}, S_{14}, S_{15}, V_d\}$	$\xi_6=1/3$

依据表 3.1 中 QoS 属性的聚合方式，表 3.2 中抽象流程中的 K 条可执行路径和相对执行概率，以及抽象流程的一个组合服务 $BOCS = \{s_1, s_2, \cdots, s_{15}\}$，其中服务 s_i 为来自抽象服务类 S_i 的候选服务，BOCS 的 QoS 属性计算如下：

$$Q_1(BOCS) = \sum_{i=1}^{K} \xi_i \times \prod_{s_j \in R_i} {}_L[Q_1(s_j)]$$

$$= \sum_{i=1}^{K} \xi_i \times \left(\frac{\sum\limits_{s_j \in R_i \text{ 且 } j \neq 5,6} Q_1(s_j) + \max\limits_{s_5, s_6 \in R_i}[Q_1(s_5), Q_1(s_6)]}{|R_i|} \right) \quad (3.1)$$

$$Q_2(BOCS) = \sum_{i=1}^{K} \left(\xi_i \times \prod_{s_j \in R_i} {}_C[(Q_2(s_j)] \right) = \sum_{i=1}^{K} \xi_i \times \left(\sum_{s_j \in R_i} Q_2(s_j) + K \times \underset{s_{10} \in R_i}{Q_2}(s_{10}) \right) \quad (3.2)$$

$$Q_3(BOCS) = \sum_{i=1}^{K} \left(\xi_i \times \prod_{s_j \in R_i} {}_R[Q_3(s_j)] \right) = \sum_{i=1}^{K} \left(\xi_i \times \prod_{s_j \in R_i}[Q_3(s_j)] \right) \quad (3.3)$$

$$Q_4(BOCS) = \sum_{i=1}^{K} \left(\xi_i \times \prod_{s_j \in R_i} {}_T[Q_4(s_j)] \right) = \sum_{i=1}^{K} \left(\xi_i \times \min_{s_j \in R_i}[Q_4(s_j)] \right) \quad (3.4)$$

定义 3.3（可行解） 对于一个给定抽象流程和一个全局 QoS 约束向量，约束向量即用户的需求，表示为不同 QoS 属性的上界（或下界）向量 $\boldsymbol{C'} = (c_1', c_2', \cdots, c_m')$，$1 \leqslant m \leqslant r$，当抽象流程的一个 BOCS 的聚合 QoS 属性满足全局约束条件，即 $q_k'(BOCS) \leqslant c_k'$，$\forall k \in [1, m]$，则认为该 BOCS 为服务选取问题的一个可行解。

对于图 3.1 中的抽象流程，给定全局约束为 $\boldsymbol{C'} = (c_1', c_2')$，则约束不等式如下：

$$Q_1(BOCS) = \sum_{i=1}^{K} \xi_i \times \left(\frac{\sum\limits_{s_j \in R_i \text{ 且 } j \neq 5,6} Q_1(s_j) + \max\limits_{s_5, s_6 \in R_i}[Q_1(s_5), Q_1(s_6)]}{|R_i|} \right) \leqslant c_1' \quad (3.5)$$

$$Q_2(BOCS) = \sum_{i=1}^{K} \xi_i \times \left(\sum_{s_j \in R_i} Q_2(s_j) + K \times \underset{s_{10} \in R_i}{Q_2}(s_{10}) \right) \leqslant c_2' \quad (3.6)$$

为了对一个给定的单个服务及服务组合进行适应度值估计，利用适应度函数 *fitness* 将 QoS 属性向量 Q_{BOCS} 转化为一个实数值。假设存在 x 个 QoS 正属性（属性值越大效果越佳）和 y 个 QoS 负属性（属性值越小效果越好），属于抽象服务类 S_j 的候选服务 s 的效用函数 *fitness(s)* 由下式给出：

$$fitness(s) = \sum_{v=1}^{x} \frac{q'_v(s) - \min_{\forall s \in S_j} q_k(s)}{\max_{\forall s \in S_j} q_k(s) - \min_{\forall s \in S_j} q_k(s)} \times \omega_v + \sum_{k=1}^{y} \frac{\max_{\forall s \in S_j} q_k(s) - q'_k(s)}{\max_{\forall s \in S_j} q_k(s) - \min_{\forall s \in S_j} q_k(s)} \times \omega_k \quad （3.7）$$

整体适应度函数 fitness($BOCS$)由下式给出：

$$fitness(BOCS) = \sum_{v=1}^{x} \frac{q'_v(BOCS) - Q'_{\min}(v)}{Q'_{\max}(v) - Q'_{\min}(v)} \times \omega_v + \sum_{k=1}^{y} \frac{Q'_{\max}(k) - q'_k(BOCS)}{Q'_{\max}(k) - Q'_{\min}(k)} \times \omega_k \quad （3.8）$$

式中，$\omega_k, \omega_v \in R_0^+$，$\sum_{v=1}^{x} \omega_v + \sum_{k=1}^{y} \omega_k = 1$ 分别表示 q'_k 和 q'_v 的权重，代表用户对各属性

的偏好。以上两式中，$\min_{\forall s \in S_j} q_k(s)$ 和 $\max_{\forall s \in S_j} q_k(s)$ 分别表示抽象服务类 S_j 所有候选服

务关于 QoS 属性 k 的最小值和最大值。

$$Q'_{\min}(k) = F_{j=1}^{n}(\min_{\forall s \in S_j} q_k(s)) \quad （3.9a）$$

$$Q'_{\max}(k) = F_{j=1}^{n}(\max_{\forall s \in S_j} q_k(s)) \quad （3.9b）$$

式（3.9）分别表示给定抽象流程所对应的所有 n 个抽象服务类的第 k 个 QoS 属性的最小值复合和最大值复合，F 根据不同的 QoS 属性标准和抽象服务结构指定不同 QoS 聚合函数，具体见表 3.1。

定义 3.4(面向业务的服务选取)　对于一个给定抽象流程和一个全局 QoS 约束 $C' = (c'_1, c'_2, \cdots, c'_m)$，$1 \leqslant m \leqslant r$，BOSS 是指先找到一个可行解，即可行服务组合（BOCS），并且使整体适应度值最优。

3.3　求解 BOSS 问题的 HEU–PSO 算法

在抽象服务顺序连接的情况下，对于一个拥有 n 个抽象服务且每个抽象服务对应 l 个候选服务的应用请求，存在 l^n 种不同的可能组合。当功能相同的候选服务数目变大时，如何快速找到一个理想的解非常重要。对于给定的抽象服务流程，粒子群算法具有良好的全局搜索性能，在此基础上结合启发式策略的局部优化特征，本章提出了 HEU-PSO 算法。在该算法中，定义了粒子位置形式，提出了离散搜索空间转换策略，用于实现将粒子群算法的连续搜索空间到与服务选取问题兼容的离散解空间的映射；引进了新的适应度函数评价策略用于提高候选解的可行性；设计了启发式局部搜索策略，用于对新得到的个体最优解邻域进行局部搜

索以提高求解的质量。

3.3.1 粒子位置表示

对于 BOSS 问题的任意抽象流程，用粒子位置表示问题的一个解，也就是一个组合服务；相应地，粒子位置的分量表示组合服务为抽象流程中每个抽象服务所选取的候选服务，即粒子分量为候选服务在其对应抽象服务类的编号；根据组合服务的特点可知，粒子位置的分量为整数，并且粒子位置的长度为抽象流程的长度。对于抽象流程，假设其所有抽象服务类包含候选服务的个数为 100，0 表示没有选择任何候选服务，则它所对应的粒子长度为 15，每个粒子分量的范围为 [1,100] 中的整数且不为 0，具体形式如图 3.4 所示。

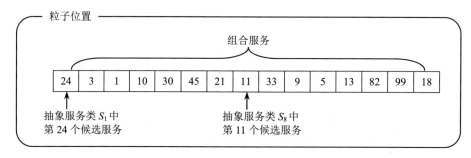

图 3.4 粒子位置表示

3.3.2 离散搜索空间转换策略

服务选取问题是一个在离散空间中求解的问题，然而由于粒子位置和速度的元素都是实数范围内的连续值，所以 PSO 算法不能用于产生服务选取离散空间中的解。因此，应用 PSO 算法解决服务选取问题最重要的是设计有效的问题空间映射机制和解的生成机制。在 HEU-PSO 算法中，算法先给出问题的一个临时粒子位置，由 $X_i' = (x_{i1}', x_{i2}', \cdots, x_{in}')$，$x_{ij}' \in R$ 且 $0 \leqslant x_{ij}' \leqslant L$ 表示，合速度由 $V_i = (v_{i1}, v_{i2}, \cdots, v_{im})$，$v_{ij} \in R$ 表示，其中分量都为实数；然后利用一些映射规则将实数空间中的临时解映射到离散解空间中的粒子位置 X_i，表示为 $X_i = (x_{i1}, x_{i2}, \cdots, x_{in})$，$x_{ij} \in N$ 且 $x_{ij} < L$。当每次临时解被更新后，通过离散映射规则得到离散解空间中的粒子位置。

离散映射规则如下。

$$value = f \bmod(x'_{ij}, L)$$

规则 1： $x'_{ij} = \begin{cases} value + L, & value < 0 \\ value, & value \geqslant 0 \end{cases}$

确保粒子 i 的临时位置分量在区间 $[0, L]$ 内。

规则 2： $x_{ij} = [x'_{ij}]$。

向下取整，确保转换之后粒子 i 的位置分量为区间 $[0, L]$ 内的整数。

3.3.3 适应度函数评价策略

通过对比粒子当前位置和粒子前一代的个体最优解来更新粒子个体最优位置，适应度评价策略是在周期性地更新粒子个体最优位置的基础上实现的。当两个位置所表示的解都可行时，适应度值高的解将被保留；当只有一个位置所代表的解可行时，这个解将被保留；当两个位置所代表的解都不可行时，可行性强一些的解将被保留。当出现以下情况时，粒子 i 的个体最优位置将按以下的方式更新。

（1）如果 $\boldsymbol{X}_i$ 可行， $\boldsymbol{P}_{i\text{best}}$ 可行，同时 $fitness(\boldsymbol{X}_i) > fitness(\boldsymbol{P}_{i\text{best}})$，则 $\boldsymbol{P}_{i\text{best}} = \boldsymbol{X}_i$。

（2）如果 $\boldsymbol{X}_i$ 可行， $\boldsymbol{P}_{i\text{best}}$ 不可行，则 $\boldsymbol{P}_{i\text{best}} = \boldsymbol{X}_i$。

（3）如果 $\boldsymbol{X}_i$ 不可行， $\boldsymbol{P}_{i\text{best}}$ 不可行，并且对于使 $\boldsymbol{X}_i$ 或 $\boldsymbol{P}_{i\text{best}}$ 不可行的任意 QoS 属性 α[即 $q'_\alpha(\boldsymbol{X}_i) > c'_\alpha$ 或 $q'_\alpha(\boldsymbol{P}_{i\text{best}}) > c'_\alpha$]， $q'_\alpha(\boldsymbol{X}_i) \leqslant q'_\alpha(\boldsymbol{P}_{i\text{best}})$，其中至少有一个 QoS 属性 β，使得 $q'_\beta(\boldsymbol{X}_i) < q'_\beta(\boldsymbol{P}_{i\text{best}})$，则 $\boldsymbol{P}_{i\text{best}} = \boldsymbol{X}_i$。

3.3.4 HEU 局部搜索策略

由于 HEU 局部搜索策略适用于多约束背包问题，所以需要将问题中的约束条件转换为线性全局约束。当所有分支执行概率确定后，则每条执行路径的相对执行概率（以下简称概率）也被确定，即抽象流程的所有执行路径的概率 ξ_i 为常数。对于约束不等式（3.5）， $|R_i|$ 为执行路径所涉及的抽象服务个数，为常数，将式中部分最值变为求均值，即在启发式搜索中用不等式（3.10）替换不等式（3.5），其中 coe$_i$ 用于表示成员服务的常系数，然后对找到的解关于约束进行重新判断：

$$Q_1(BOCS) = \sum_{i=1}^{K} \xi_i \times \left(\frac{\sum\limits_{s_j \in R_i} Q_1(s_j)}{|R_i|} \right) = \sum_{i=1}^{|S|} \text{coe}_i \times Q_1(s_j) \leqslant c'_1 \qquad (3.10)$$

对于约束不等式（3.6），当循环次数已知，并且概率 ξ_i 为常数时，组合服务中的所有成员服务的系数为常数，用 coe$_i$ 表示，则不等式（3.6）可以转换成不等式（3.11）：

$$Q_2(BOCS) = \sum_{i=1}^{K} \xi_i \times \left(\sum_{s_j \in R_i} Q_2(s_j) + K \times \underset{s_{10} \in R_i}{Q_2}(s_{10}) \right) = \sum_{i=1}^{|S|} \text{coe}'_i \times Q_2(s_j) \leqslant c'_2 \quad （3.11）$$

HEU 策略[167]使用了的聚合资源的概念，通过使用从当前资源使用情况提炼的惩罚因子，将所需资源向量转化为一个标量指数。其主要思想是依据当前资源状态，惩罚对资源的使用。对于使用多的资源，惩罚系数较大；使用较少的资源，惩罚系数较小。为了找到下一个优化的资源，挑选在聚合资源中节省最大的一项。但是如果没有找到这样的资源，则挑选在聚合资源中单元受益最大的一项。Procedure HEU 中给出了启发式策略的具体步骤。

Procedure HEU

Input: P_{ibest} (the ith particle's personal best position representing a feasible solution of service Selection problem)

Output: P_{ibest} (the update of the ith particle's personal best position)

        Set parameters Δp, Δr, Δp_{max}, Δr_{max}, i′,j′and vector C.

Begin

    C=q(BOCS);

    While(true)

        Δp_{max} =0; Δr_{max}=0;

            for each service class i do

            for each candidate service j in service class i do

                if ($\exists$attribute k, C[k]-q[i][P$_{ibest}$[i]][k]+q[i][j][k]>c$_k'$)

                  continue;

                endif.

                Δr={(q[i][P$_{ibest}$[i]]-q[i][j])·C}/|C|;

                if (Δr>Δr_{max})

                  Δr=Δr_{max}; i′=i; j′=j;

                endif.

                if (Δr<0)

                  Δp=(fitness[i][P$_{ibest}$[i]]-fitness[i][j])/Δr;

                  if (Δp>Δp_{max})

                      Δp=Δp_{max}; i′=i; j′=j;

                  endif.

                endif.

            endfor

            endfor.

        if (Δr_{max}<=0&&Δp_{max}<=0)

        returnP$_{ibest}$;

        endif.

        C[k]=C[k]-q[i′][P$_{ibest}$[i′]][k]+ q[i′][j′][k];

        P$_{ibest}$[i′]=j′;

    endwihle.

End.

在 Procedure HEU 中，C 为 QoS 以线性化后的 QoS 属性向量的形式存储已使用的资源；q[i][j][k]是抽象服务 i 中第 j 个服务的第 k 个 QoS 属性分量值；q[i][j]是抽象服务 i 中第 j 个候选服务的 QoS 属性向量；Δr 是聚合 QoS 属性的节约值；fitness[i][j]是抽象服务 i 中第 j 个候选服务的适应度值，由关于组件服务的效用函数给出；Δp 为每个单元额外 QoS 属性所对应的适应度值。

对于包含 N 个抽象服务，并且每个抽象服务对应 l 个候选服务以及每个 QoS 约束条件的组合服务，可知启发式策略（Procedure HEU）的时间复杂度为 $O[N^2(l-1)^2 m]$，为多项式函数。虽然启发式策略搜索消耗的时间不长，但是 HEU-PSO 算法中如果每个粒子在每个周期中都执行启发式搜索，则其所消耗的搜索时间将会很长并且严重影响了算法的效率。为了提高 HEU-PSO 算法的效率，只有在以下三种情况满足时，HEU-PSO 算法执行以启发式策略为基础的局部搜索。

（1）粒子的个体最优位置所代表的解必须为可行解。

（2）HEU-PSO 算法中设置了一个迭代阈值（N_c），每个粒子邻域每经过 N_c 次迭代后，其中的一个粒子被允许执行一次以启发式策略为基础的局部搜索。

（3）必须保证当前进行局部搜索的初始位置，即粒子个体最优位置，之前从未作为初始位置进行过局部搜索。

3.3.5 算法描述

基于以上的描述，离散搜索空间转换用于转变粒子的解空间，适应度评价策略用于邻域中粒子的个体最优位置和邻域最优位置，以及每经过 N_c 次迭代，每个邻域中一个粒子最优位置执行一次以启发式策略为基础的局部搜索，将 HEU 策略和粒子群算法相结合，局部搜索的执行由不等式 $Count_k<1$ 进行控制。算法 HEU-PSO 的框架归纳如下。

```
Algorithm HEU-PSO
Set parameters and Initialize particles' solution Xᵢ', velocity Vᵢ
Begin
for each neighborhood k do
        for each particle i in neighborhood k do
                Pibest'(0) = Xᵢ'(0); Pibest'(0)= Xᵢ'(0); Xᵢ(0)=[ Xᵢ'(0)];
                if (fitness(Pibest(0))>fitness(Pk(0)))
                Pk(0))= Xᵢ'(0);
                endif.
        endfor.
endfor.
int t=0;
while(t<MaxG) do
```

```
for each neighborhood k do
    for each particle i in neighborhood k do
        update Vi(t) using equation(2.1) and get Vi(t+1);
        update Xi′(t) using equation(2.2) and get Xi′(t+1);
Solution Xi(t+1) in discrete space is obtained from Xi′(t+1) through Discrete
    Mapping rules;
if (Xi(t+1) is better than Pibest(t) on the contrast situations of fitness
    evaluation strategy)
        Pibest′(t+1)= Xi′(t+1);
        Pibest (t+1) = Xi(t+1);
    endif.
    if ( Pibest (t+1) is feasible&&Countk<1)
        HEU strategy is used to update Pibest (t+1);
    Pibest′(t+1)= Pibest (t+1); Countk++;
    endif.
    if (fitness(Pibest(t+1))> fitness(Pk(t)))
        Pk(t+1)= Pibest(t+1);
    endif.
endfor.
        if(t%Nc==0)
Countk=0;
        endif.
endfor.
        t++;
endwhile.
return Pk(t+1) in each neighborhood;
End.
```

3.4 实 验 评 价

本节将给出对 HEU-PSO 算法进行的实验评价，着重于所获得最好解的效用，即解的质量，然后将最有竞争力的解与最近提出的相关算法 MDPSO[53]、基于种群多样性处理的遗传算法（Population Diversity Hardling Genetic Algorithm，DiGA）[54]、标准粒子群（Standard Particle Swarm Optimization，SPSO）[55]在四个不同规模测试用例上运行得到的解进行比较。所有算法的编程语言和执行环境：C++；a Core(TM)2，2.00GHz，3GB RAM。

3.4.1 测试用例和终止条件

用四个数据集进行试验评估，第一个是公开的更新数据集（Quality of Web Service，QWS），其包括 2507 个真实世界网络服务的九个 QoS 属性的测量值。本书从数据集 QWS 中提取本章所需的四个 QoS 属性，这些属性的名称、权重和聚合方式如表 3.1 所示。这些 Web 服务从公共来源网站上收集，包括注册中心、搜索引擎和服务门户网站；它们的 QoS 属性值由商业基准工具测量得到。关于这个数据集的更多细节参考文献[168]。作者还在三个生成的数据集上进行试验，用大量服务和它们的不同分布对提出方法进行测试，这些数据通过公开合成发生器生成：①相关的数据集（cQoS），其中 QoS 参数值呈正相关；②一个反相关的数据集（aQoS），其中 QoS 参数值负相关；③一个独立的数据集（iQoS），其中 QoS 值为随机生成值。每个数据集包含 100000 个 QoS 向量，每个向量代表一个网络服务的四个 QoS 属性。HEU-PSO 算法的实现以图 3.1 中的抽象流程为基础，所以实验部分假设抽象流程的长度为 15 个抽象服务。数据集中的候选服务随机选出 15 份等量的候选服务集分配给每个流程中的每个抽象服务，如此生成六个不同规模的测试用例，如表 3.3 所示，测试用例 T1、T2、T3 由标准测试集 QWS 所生成，其他三个测试用例分别由系统生成的三个数据集所产生。所有测试用例都包含 15 个抽象服务，其中测试用例 T1、T2、T3 每个抽象服务对应来自相关数据集的候选服务分别为 100 个、120 个和 160 个；测试用例 Tc4、Ta5 和 Ti6 中每个抽象服务对应来自相关数据集的候选服务都是 1000 个。然后根据不等式约束，即式（3.5）、式（3.6）设置几个二维的 QoS 向量表示用户端到端的 QoS 约束。每个 QoS 向量对应一个以 QoS 为基础的服务组合需求，以致需要从每个抽象服务中挑选出一个具体的服务，使得整体适应度值最大，并且满足端到端的约束条件。

表 3.3　测试用例

测试用例	数据集	抽象服务规模/个	候选服务规模/个
T1	QWS	15	100
T2	QWS	15	120
T3	QWS	15	160
Tc4	c_data（相关数据集）	15	1000
Ta5	a_data（反相关数据集）	15	1000
Ti6	i_data（独立数据集）	15	1000

3.4.2　与已提出的相关算法对比

将所有算法在每个测试用例上运行 10 次，并且将候选服务的最大评价次数作为所有算法在每个测试用例上的终止条件，将其设置为 6×10^4。设置粒子群的规格为 35，邻域数目为 5，则邻域的规格为 7。其他参数的设置如 $c_1=c_2=1.49445$，$\omega\_ini=0.9$，$\omega\_end=0.4$，$iter\_max=6\times10^4$，$\omega=\omega\_ini-(\omega\_ini-\omega\_end)\times(iter/iter\_max)$，$N_c=5\times10^3$，另外三个对比算法 MDPSO[53]，DiGA[54]，SPSO[55]的参数设置和参考文献中一致。所得的适应度值的最大值、最小值和平均值如表 3.4 所示，不同算法在所有测试用例上的均价消耗时间如图 3.5 所示。

表 3.4 不同算法适应度值对比（最大值/最小值/平均值）

测试用例	DiGA 算法	SPSO 算法
T1(100)	0.7681/0.7421/0.7535	0.7618/0.7326/0.7466
T2(120)	0.7725/0.7317/0.7535	0.7575/0.7265/0.7406
T3(160)	0.7667/0.7176/0.7446	0.7595/0.7064/0.7334
Tc4(1000)	0.4533/0.4228/0.4392	0.4710/0.4450/0.4534
Ta5(1000)	0.5103/0.4670/0.4877	0.5204/0.4712/0.4872
Ti6(1000)	0.5361/0.4710/0.4985	0.5261/0.4818/0.5049

测试用例	MDPSO 算法	HEU-PSO 算法	t-检验值
T1(100)	0.7454/0.7371/0.7442	0.7950/0.7817/0.7897	7.326/6.712/4.845
T2(120)	0.7298/0.6954/0.7109	0.8066/0.7966/0.8043	14.08/10.605/19.173
T3(160)	0.7338/0.6829/0.7009	0.7873/0.7844/0.7855	5.892/5.390/17.362
Tc4(1000)	0.5002/0.4758/0.4802	0.5389/0.5268/0.5306	34.901/20.315/14.892
Ta5(1000)	0.5293/0.4971/0.5168	0.6235/0.5943/0.6087	18.458/18.785/16.580
Ti6(1000)	0.5458/0.5083/0.5284	0.6468/0.6183/0.6345	17.407/20.675/16.516

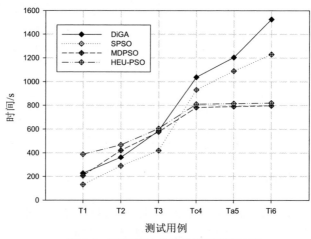

图 3.5 不同算法的均价消耗时间对比

为了更清晰地体现问题解的分布，算法运行所得的适应度值 f_i 将通过以下公式转化为 r 值：

$$r_i = \frac{f_i - f_{\text{best}}}{f_{\text{worst}} - f_{\text{best}}} \tag{3.12}$$

式（3.12）中，f_{worst} 和 f_{best} 分别为所有对比算法在同一个测试用例上所得到的最小适应度值和最大适应度值。

不同算法在不同测试用例上的 r 值统计结果如图 3.6 所示。不同算法在不同测试用例上的收敛属性曲线如图 3.7 所示。

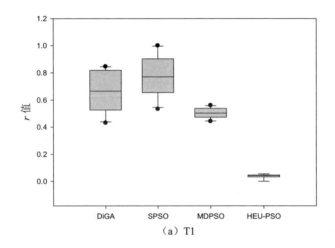

（a）T1

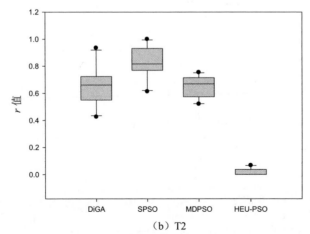

（b）T2

图 3.6（一）　不同算法在不同测试用例上的 r 值统计结果

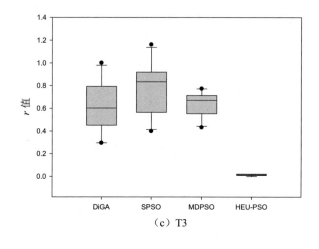

（c）T3

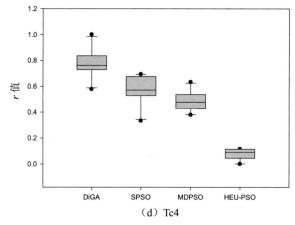

（d）Tc4

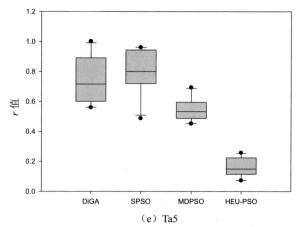

（e）Ta5

图 3.6（二）　不同算法在不同测试用例上的 r 值统计结果

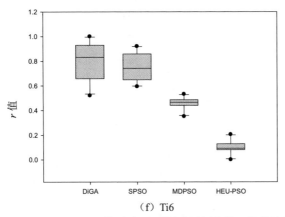

（f）Ti6

图 3.6（三）　不同算法在不同测试用例上的 r 值统计结果

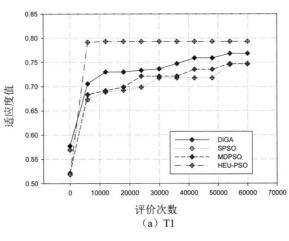

（a）T1

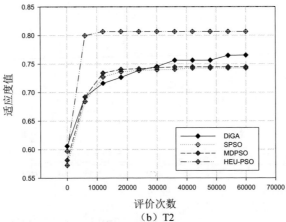

（b）T2

图 3.7（一）　不同算法在不同测试用例上的收敛属性曲线

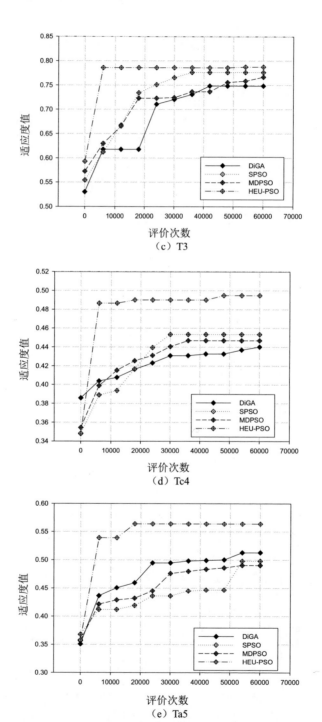

（c）T3

（d）Tc4

（e）Ta5

图 3.7（二）　不同算法在不同测试用例上的收敛属性曲线

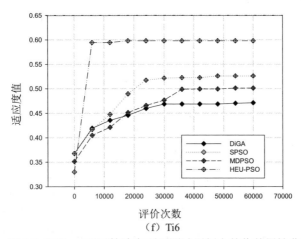

（f）Ti6

图 3.7（三）　不同算法在不同测试用例上的收敛属性曲线

t 检验为算法 DiGA/HEU-PSO、SPSO/HEU-PSO、MDPSO/HEU-PSO 所得解集中解的适应度值之间的对比，并且双尾 t 检验的自由度为 9，显著信水平为 $\alpha=0.05$。

从图 3.5 中可以看出在测试用例 Tc4、Ta5 和 Ti6 上，HEU-PSO 算法比 DiGA 算法和 SPSO 算法消耗时间短、效率高，并且在测试用例 T1、T2 和 T3 中，消耗时间长、效率相对低一些。而测试用例规模越大，与 DiGA 算法和 SPSO 算法比较，HEU-PSO 算法的效率越高，这主要是因为 HEU-PSO 算法运行所消耗的时间与测试用例的规模关系不大，但是与迭代的次数密切相关。但是 HEU-PSO 算法和 MDPSO 算法效率相当，主要由于 MDPSO 算法复杂度都取决于粒子群算法的复杂度，并且这两个算法的复杂度都比较小。表 3.4 给出了各算法适应度值的对比统计，包括最大值、最小值、平均值以及 t-检验值；其中 t-检验值的三个值分别为各对比算法解集中解的适应度值与 HEU-PSO 算法解集中解适应度值进行对比检验，即 DiGA/HEU-PSO、SPSO/HEU-PSO、MDPSO/HEU-PSO 算法之间的求解质量对比，并且适应度值区别较大时，t-检验值较大。从表 3.4 中可以看出，本章所提 HEU-PSO 算法的性能远远优于对比算法，因为它所获得适应度值的最大值、最小值和平均值都大于对比算法，同时从表 3.4 的 t-检验值也可以看出，HEU-PSO 算法的求解质量远远好于其他对比算法，另外从图 3.6 中可以得到进一步证明。从该图中可以看出，在所有测试用例中，HEU-PSO 算法所获得解的 r 值均好于其他两个对比算法所获得解的 r 值。图 3.7 给出所有算法在不同测试用例上的运行 10 次的平均收敛图，明确显示了所有算法的收敛属性，可以看出 HEU-PSO 算法不但收敛速度要快于其他对比算法，而且不易陷入局部最优，所以它的收敛值是最好的。因此可以得到结论：本书所提算法 HEU-PSO 在求解质量和效率方面优于其他对比算法，并且能很好地解决大规模服务选取问题。

3.5　本　章　小　结

针对面向业务的大规模单目标服务选取问题，本章提出了混合 PSO 全局搜索和 HEU 深入搜索的 HEU-PSO 算法，HEU 局部搜索利用 PSO 算法得到的局域最优解，进行深入搜索得到次优解集，提高求解质量。在该算法中定义了粒子位置和离散空间转换策略，实现从粒子群的连续搜索空间到问题离散解空间的映射；引入了 HEU 局部搜索策略，对粒子所找到的有希望的区域进行深入局部搜索。通过与已提出的算法对比，结果表明该算法在面向业务的大规模单目标服务选取问题中的求解质量和效率方面效果显著。

第 4 章　求解面向功能的大规模服务选取问题的单目标粒子群算法

在实际的服务系统中，很多情况下只需用生成服务流程中的一条可行路径中的抽象服务的服务实例来满足用户的服务请求，针对该问题，本章提出了一种求解该问题的 ACO-PSO 算法。本章的内容结构如下：4.1 节为研究现状；4.2 节给出服务选取问题描述；4.3 节给出求解面向功能的大规模服务选取问题的混合 ACO-PSO 算法；4.4 节为实验部分，通过与近期提出的相关算法对比，表明 ACO-PSO 算法性能突出；4.5 节是本章小结。

4.1　研　究　现　状

第 3 章给出在面向业务的大规模服务选取问题的 HEU-PSO 算法，该算法按照抽象流程的结构为组合应用提供实现功能的多条路径，即组合服务存在多条执行路径。但组合应用为用户提供服务时，用户只会选择其中的一条路径来满足自己的需求，所以其他路径的好坏与组合应用的功能没有直接关系。并且由于同时选择多条路径，使得每条路径的性能同时最优无法保证。为了改进组合应用的性能并且提高服务选取的质量和效率，面向功能的大规模服务选取问题成为本章的研究目标。与面向业务的服务选取不同的是，面向功能的大规模服务选取问题的目标是找到能实现组合服务功能的一条最优路径。

虽然该问题没有被明确提出，但是已经存在一些关于它的研究。张成文[172]等人提出一种基于遗传算法的 QoS 感知的 Web 服务选取算法，可以从所有执行路径的组合方案中选出满足用户 QoS 需求的服务方案，但对于大规模的服务选取问题，这种算法中所使用的编码方式和计算的复杂性都会大幅增加；倪晚成[47]等人用 Dijkstra 最短路径算法对组合服务问题进行优化，选择的服务能满足 QoS 需求，但对服务状态的复杂性没有考虑；但是夏亚梅[51,52]提出基于 ACO 优化算法的 MPDACO 算法，先进行局部优化，然后到全局最优的服务组合。由于局部和全局的优化目标不一致，不能很好地进行全局优化，因此，该问题中现有算法存在的主要问题如下。

（1）使用的信息粒度太粗，使得这些算法过分依赖它们的局部搜索。

（2）因为冗余候选服务的存在，当候选服务数量变大时，现有算法的效率不能令人满意。

为了解决这些问题，作者提出了 ACO-PSO 算法。ACO 算法作为一种元启发式算法，被用来解决许多问题并且得到了令人满意的效果[173,174]。并且它具有高度的灵活性与健壮性，适用于对图形中路径的搜索，作者将 ACO 算法的灵活搜索结合到粒子群算法中，提出了 ACO-PSO 算法。

4.2 问 题 建 模

面向功能的大规模服务选取（Function Oriented Service Selection，FOSS）问题是查找组合应用的最优执行路径，需要将抽象流程转换为单向简单连通图。对于抽象流程中的不同连接结构[132]，顺序结构的各个任务按照一定的执行顺序运行，这样的组合服务在图中可用一条路径表示；并发结构表示多个服务并行执行，不能用一条路径来表示，这种情况不利于使用优化算法，因此对这种情况下的组合服务进行串行化处理，是并行的服务前后相连，在逻辑上转换为顺序执行的服务。依据表 4.1 中 QoS 属性的聚合方式，除处理属性延迟时间外，其他并行属性的聚合方式都与顺序相同，只需在找到的路径后进行调整，并且这种转换有利于优化算法的运行。对于循环结构，由于这种结构等价于 k 个循环的服务首尾 k 次相连，为了简化处理，指定 $k=1$。

因此，将图 3.1 中的抽象流程 $\mathfrak{I}$ 转化为一个单向简单连通图，即抽象流程 $\mathfrak{I}'$ 如图 4.1 所示，图中存在一个原点表示输入，存在一个终点表示输出。图中除了原点和终点，每个节点的入度和出度均大于等于 1，且图中不存在孤立点、悬点和回路。至少存在一条路径从原点通往终点。抽象流程图中的节点表示一个抽象服务，对应一个抽象服务类 S_i。对于流程图 $\mathfrak{I}'$ 中的路径，将其定义为组合抽象服务（Composite Abstract Service，CAS），如定义 4.1 所示。

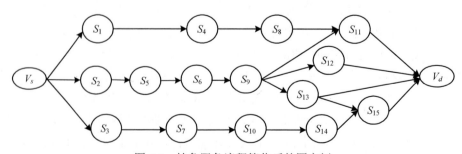

图 4.1 抽象服务流程简化后的图实例

定义 4.1（组合抽象服务） 在面向功能的大规模服务选取问题中，对于抽象流程$\Im$简化后的抽象流程$\Im'$，从原点到终点的一条路径并且只包含选择结构中的一个分支操作，但包含并行分支的所有分支操作，这样的路径定义为一个完整 CAS，流程图中存在从原点到终点的多条路径时，则表示有多个不同 CAS 完成相同的功能。

定义 4.2（面向功能组合服务） 在面向功能的大规模服务选取问题中，对于抽象流程中的任意 CAS，从 CAS 的每个抽象服务类 $S_1,\cdots,S_u$ 中选取一个候选服务，所有这些候选服务构成抽象流程的一个面向功能组合服务（Function Oriented Compostie Services，FOCS），从而实现整个组合应用的功能，表示为 $FOCS=\{s_1, s_2,\cdots,s_u\}$。

面向功能的大规模服务选取问题中所涉及的属性同样为延迟时间（latency）、费用（cost）、可靠性（reliabiltiy）和吞吐量（throughput），分别用 Q_1、Q_2、Q_3、Q_4 表示，对抽象服务、抽象服务类、属性沿用第 3 章的表示方法。根据面向功能的大规模服务选取问题的特点，组合服务中不存在选择连接关系，组合服务不需要进行选择关系的 QoS 属性聚合，所以 QoS 属性的聚合方式如表 4.1 所示。

表 4.1　QoS 属性的聚合方式

属性	聚合函数		
	并行	顺序	循环（k 次）
延迟时间$\prod_L$	$\max\limits_{j\in 并行抽象服务} Q_1(s_{jk})$	$\dfrac{\sum\limits_{j\in 顺序抽象服务}[Q_1(s_{jk})]}{\sum\limits_{j\in 顺序抽象服务}}$	$\sum\limits_{j\in 循环抽象服务} Q_1(s_{jk})$
费用$\prod_C$	$\sum\limits_{j\in 并行抽象服务} Q_2(s_{jk})$	$\sum\limits_{j\in 顺序抽象服务} Q_2(s_{jk})$	$\sum\limits_{j\in 循环抽象服务} k\times Q_2(s_{jk})$
可靠性$\prod_R$	$\prod\limits_{j\in 并行抽象服务} Q_3(s_{jk})$	$\prod\limits_{j\in 顺序抽象服务} Q_3(s_{jk})$	$\prod\limits_{j\in 选择抽象服务} Q_3(s_{jk})^k$
吞吐量$\prod_T$	$\min\limits_{j\in 并行抽象服务} Q_4(s_{jk})$	$\min\limits_{j\in 顺序抽象服务} Q_4(s_{jk})$	$\min\limits_{j\in 循环抽象服务} Q_4(s_{jk})$

依据表 4.1 中 QoS 属性的聚合方式和组合服务的定义，对于图 4.1 中的抽象流程，假设一个来自组合抽象服务 $\overline{CAS}$ 的组合服务记为 $FOCS=\{s_1,s_2,\cdots,s_u\}$，其中服务 s_i 为来自抽象服务类的 S_i 的候选服务，FOCS 的 QoS 属性计算如下：

$$Q_1(FOCS) = \frac{\sum\limits_{s_j \in CAS \text{且} j \neq 5,6} Q_1(s_j) + \max\limits_{s_5, s_6 \in CAS}[Q_1(s_5), Q_1(s_6)]}{|\overline{CAS}|} \qquad (4.1)$$

$$Q_2(FOCS) = \sum\limits_{s_j \in CAS} Q_2(s_j) \qquad (4.2)$$

$$Q_3(FOCS) = \prod\limits_{s_j \in CAS} Q_3(s_j) \qquad (4.3)$$

$$Q_4(FOCS) = \min\limits_{s_j \in CAS}[Q_4(s_j)] \qquad (4.4)$$

定义 4.3（可行解） 在面向功能的大规模服务选取问题中，对于一个给定抽象流程和一个全局 QoS 约束向量，约束向量即用户的需求，表示为不同 QoS 属性的上界（或下界）向量 $\boldsymbol{C'} = (c_1', c_2', \cdots, c_m')$，$1 \leqslant m \leqslant r$，当一个来自组合抽象服务 $\overline{CAS}$ 的 FOCS 的聚合 QoS 属性满足全局约束条件，即 $q_k'(FOCS) \leqslant c_k'$，$\forall k \in [1, m]$ 时，则认为该 FOCS 为服务选取问题的一个可行解。

对于图 4.1 中的抽象流程，给定全局约束为 $\boldsymbol{C'} = (c_1', c_2', c_3', c_4')$，则约束不等式如下：

$$Q_1(FOCS) = \frac{\sum\limits_{s_j \in CAS \text{且} j \neq 5,6} Q_1(s_j) + \max\limits_{s_5, s_6 \in CAS}[Q_1(s_5), Q_1(s_6)]}{|\overline{CAS}|} \leqslant c_1' \qquad (4.5)$$

$$Q_2(FOCS) = \sum\limits_{s_j \in CAS} Q_2(s_j) \leqslant c_2' \qquad (4.6)$$

$$Q_3(FOCS) = \prod\limits_{s_j \in CAS} Q_3(s_j) \geqslant c_3' \qquad (4.7)$$

$$Q_4(FOCS) = \min\limits_{s_j \in CAS}[Q_4(s_j)] \geqslant c_4' \qquad (4.8)$$

为了对一个给定的单个服务及服务组合进行适应度值估计，利用适应度函数 *fitness* 将 QoS 属性向量 $\boldsymbol{Q}_{FOCS}$ 转化为一个实数值。假设存在 x 个 QoS 正属性（属性值越大效果越佳）和 y 个 QoS 负属性（属性值越小效果越好），整体适应度函数 *fitness(FOCS)* 由下式给出：

$$fitness(FOCS) = \sum\limits_{v=1}^{x} \frac{q_v'(FOCS) - Q_{\min}'(v)}{Q_{\max}'(v) - Q_{\min}'(v)} \times \omega_v + \sum\limits_{k=1}^{y} \frac{Q_{\max}'(k) - q_k'(FOCS)}{Q_{\max}'(k) - Q_{\min}'(k)} \times \omega_k \qquad (4.9)$$

式中，$\omega_k, \omega_v \in R_0^+$（正实数域），$\sum_{v=1}^{x} \omega_v + \sum_{k=1}^{y} \omega_k = 1$ 分别表示 q_k' 和 q_v' 的权重，代表用户对各属性的偏好。以上两式中，$\min\limits_{\forall s \in S_j} q_k(s)$ 和 $\max\limits_{\forall s \in S_j} q_k(s)$ 分别表示抽象服务类 S_j 所有候选服务关于 QoS 属性 k 的最小值和最大值。

$$Q_{\min}'(k) = F_{j=1}^{|\overline{CAS}|}\left[\min\limits_{\forall s \in S_j} q_k(s) \right] \tag{4.10a}$$

$$Q_{\max}'(k) = F_{j=1}^{|\overline{CAS}|}\left[\max\limits_{\forall s \in S_j} q_k(s) \right] \tag{4.10b}$$

式（4.10）分别表示给定抽象流程中，组合服务所对应的组合抽象服务 $\overline{CAS}$ 包含的抽象服务类的第 k 个 QoS 属性的最小值复合和最大值复合；$|\overline{CAS}|$ 表示组合抽象服务 $\overline{CAS}$ 所包含抽象服务的个数；F 根据不同的 QoS 属性标准和组合抽象服务结构指定不同的 QoS 聚合函数，具体见表 4.1。

定义 4.4（面向功能的服务选取） 对于一个给定抽象流程和一个全局 QoS 约束 $C' = (c_1', c_2', \cdots, c_m')$，$1 \leqslant m \leqslant r$，面向功能的服务选取是指先找到一个可行解，即满足 SLA 等级约束的 FOCS，并且使整体适应度值最优。

4.3 ACO–PSO 算法

在面向业务的大规模服务选取问题中，当功能相同的候选服务数目变大时，如何为给定的抽象流程快速找到一个理想解非常重要。根据问题的特点，本章利用 ACO 算法的灵活性和 PSO 算法深入搜索的特点提出了 ACO-PSO 算法，在该算法中，先利用 α-支配服务 skyline[169]搜索策略过滤抽象服务类相关的冗余候选服务，大力缩减候选服务空间；再利用 k 均值聚类算法[170,171]分割每个抽象服务类由 skyline 服务查询过程生成的候选服务集，然后在聚类结果的基础上构建有向聚类图，用于指导蚂蚁的全局搜索，从而确定服务选取的搜索区域；基于局部搜索区域，利用 3.2 节中所描述的 HEU-PSO 算法作为局部搜索策略选取具体的候选服务。

4.3.1 蚁群算法

蚁群算法[162]是一种用来在图中寻找优化路径的几率型算法，由马可·多里戈（Marco Dorigo）于 1992 年提出，其灵感源于蚂蚁在寻找食物过程中发现路径的行为。ACO 算法是一种模拟进化算法，初步的研究表明该算法具有许多优良的性质。自然界中的蚂蚁觅食时会在较理想的路径上沉积较多的信息素以此向群体中其他成员表明这是一条较理想的觅食路径，其他成员就会以这些先验知识或信息为指导展开搜索，并根据所搜索到的与问题相关的解的质量沉积相应量的信息素。ACO 算法正是受蚂蚁通过改变周围环境来与群体中其他成员分享关于路径好坏信息的行为启发产生的。为模拟真实蚁群中的交流共享机制，人工蚂蚁利用可用的先验知识或信息搜索构造给定优化问题的解，并通过在搜索路径上沉积与搜索到的解的质量相应量的信息素记录该路径的好坏信息，以此为后来的搜索提供全局的指导信息，解的质量越好，则蚂蚁在相应搜索路径上释放的信息素就越多。较优的路径会吸引较多的蚂蚁，而较多的蚂蚁又会释放较多的信息素，ACO 算法正是利用正反馈原理强化较优解，能在较短时间内搜索到较优的优化问题的解。

ACO 算法概括地讲由信息素的初始化、概率状态转移、信息素的挥发与信息素的更新四个模块构成，其不同变种之间的差异在于某些块的具体实现策略不同，但不同的变种都遵循同一个结构框架。

在信息素的初始化模块中，人工蚂蚁会利用群体通过学习获得的先验知识指导解的构造，而群体获得的先验知识本身就是通过信息素表现的。那些被证明是较优解所对应路径上会沉积较多的信息素，这条路径上的边对后续解的构造过程影响较大（群体中的成员在搜索构造解时选择这些边作为解的一部分的概率就较大）。相反，被证明是较劣的解所对应路径上会沉积较少的信息素，这条路径上的边在以后群体成员构造解时被选择的可能性就较小。蚁群系统中的成员正是凭借周围环境中信息素的含量来判定某条边对构建一个较优解的理想程度。群体中的成员通过相互合作、交流、分享，引导算法总是朝着较优的方向搜索。

信息素在 ACO 算法中起着至关重要的作用，但在算法运行初始时，并没有先验知识或信息可供群体中的成员参考。同时，也没有任何关于路径好坏的已知信息。因此需要一个初始化过程，对图中每一条边都赋予一个同样大小的信息素量。绝大多数 ACO 算法的初始化过程都是设置一个常数值 τ_0 作为每条边上的初始信息素量。某些 ACO 算法变种为每条边设置一个初始的信息素量上/下界：τ_{max} 与 τ_{min}，并用 τ_{max} 作为每条边上初始信息素量。

在概率状态转移模块中，蚂蚁构造解的过程本质上是一个状态转移的过程。蚂蚁基于群体已获取的先验知识判定并移动到下一个节点直至到达目的节点，从而完成一次搜索。然而不同的 ACO 算法利用先验知识的方式不同，通常把利用先验信息或知识的方式称为状态转移规则，常用的状态转移规则有基于轮盘赌的状态转移规则和基于探索与开发平衡的状态转移规则。

在信息素的挥发模块中，真实蚁群中的蚂蚁会在搜索路径上以释放信息素的方式改变周围环境，从而与群体中其他成员分享路径信息。沉积在搜索路径上的信息素会不断地挥发。这种挥发可以彰显路径好坏，从而为后续的搜索提供更为明确的引导。较劣解相应的路径上的信息素浓度会因不断地挥发而逐渐降低。相反，较优解相应的路径上会有越来越多的蚂蚁经过，因此尽管挥发过程也在进行，但是蚂蚁在爬过时又会释放新的信息素。信息素的挥发过程如下式所示：

$$\tau'_{ij} \leftarrow (1-\rho) \cdot \tau_{ij}$$

式中，τ'_{ij} 与 τ_{ij} 分别表示挥发后和挥发前边上信息素的残留量；ρ 表示挥发速度，此挥发过程是可选的。某些 ACO 算法变种因其自身的局部更新机制涵盖了挥发过程，故并没有将挥发过程显式地包含在内。

在信息素的更新模块中，蚂蚁通过在其搜索路径上释放信息素存储关于此路径优劣的信息，蚂蚁在某条搜索路径上释放信息素的多少与这条路径所对应解的质量成正比。所有 ACO 算法的变种都遵循这一更新思想，但不同变种的具体实现方式不一样。信息素更新主要分为局部更新和全局更新两种，其中全局更新又有不同的具体实现方法。

ACO 算法一般用于求解 TSP 问题，文献[163]利用 ACO 算法求解动态 TSP 问题，文献[164]将 GA 算法和 ACO 算法相结合求解 TSP 问题。ACO 算法同样用于服务选取算法的求解，文献[165]中，ACO 算法的基本原理得到详细解释，而且基于 QoS 的服务选取问题被转换为寻找最优路径的问题。文献[166]首先使用组合服务图来为问题建模，然后使用新蚂蚁克隆技术的延伸蚁群系统来解决该问题。

4.3.2 α-支配服务 skyline 搜索策略

α-支配服务 skyline 搜索策略是利用模糊支配实现的，与 Pareto-服务 skyline 不同，模糊支配能较好地权衡服务各 QoS 属性间的关系，为进一步选取提供 QoS 属性均衡的候选服务，并且模糊支配使得 α-支配服务 skyline 搜索策略能较好地控制 skyline 中候选服务的数量。

定义 4.5（模糊支配） 给定两个服务 $s_i, s_j \in S$，定义模糊支配为 s_i 支配 s_j 的程度，计算方法如下：

$$\deg_{\mu_{\varepsilon,\lambda}}(s_i \prec s_j) = \frac{\sum_{k=1}^{r} \mu_{\varepsilon,\lambda}[q_k(s_i), q_k(s_j)]}{r} \quad (4.11)$$

式中，$\mu_{\varepsilon,\lambda}$ 是一个单调的分段函数，用于表示服务属性 $q_k(s_i)$ 比 $q_k(s_j)$ 好或者差的程度。函数 $\mu_{\varepsilon,\lambda}$ 的定义为：

$$\mu_{\varepsilon,\lambda} = \begin{cases} 0, & y-x \leqslant \varepsilon \\ 1, & y-x \geqslant \lambda+\varepsilon \\ \dfrac{y-x-\varepsilon}{\lambda}, & \text{其他} \end{cases} \tag{4.12}$$

式中，$\lambda > 0$ 是对函数模糊区域的设定参数，在使函数 $\mu_{\varepsilon,\lambda}(x,y)$ 保证属性值越小越好的同时，对支配区间进行严格和合理分割；$\varepsilon > 0$，其通常意义是使函数 $\mu_{\varepsilon,\lambda}(x,y)$ 保证属性值越小越好的特点。并且函数 $\mu_{\varepsilon,\lambda}(x,y)$ 用以表示，当 $y-x$ 小于等于 ε 时，x 几乎不小于 y，用 0 代表；当 $y-x$ 大于等于 $\lambda+\varepsilon$ 时，x 远小于 y，用 1 代表；当 $y-x$ 的值在 ε 和 $\lambda+\varepsilon$ 之间时，x 在一定程度上小于 y，用函数的第三种情况代表。

定义 4.6（α-支配关系） 对于给定两个服务 $s_i, s_j \in S$ 和 $\alpha \in [0,1]$，s_i 在 $\mu_{\varepsilon,\lambda}$ 的条件下 α-支配 s_j，记为 $s_i \prec^{\alpha}_{\mu_{\varepsilon,\lambda}} s_j$，当且仅当 $\deg_{\mu_{\varepsilon,\lambda}}(s_i \prec s_j) \geqslant \alpha$。

定义 4.7（α-支配服务 skyline） 集合 S 关于函数 $\mu_{\varepsilon,\lambda}$ 的 α-支配服务 skyline，记为 $\alpha-\mathrm{sky}^S_{\mu_{\varepsilon,\lambda}}$，是由集合 S 中不被任何其他服务在 $\mu_{\varepsilon,\lambda}$ 条件下 α-支配的服务构成的集合，即 $\alpha-\mathrm{sky}^S_{\mu_{\varepsilon,\lambda}} = \{s_i \in S \mid \nexists s_j \in S, \ s_j \prec^{\alpha}_{\mu_{\varepsilon,\lambda}} s_i\}$。

定理 如果 $\alpha > \dfrac{r-1}{r}$，那么对于任意对比函数 $\mu_{\varepsilon,\lambda}$，服务 skyline 是 α-支配服务 skyline 的一个子集，即 $\alpha > \dfrac{r-1}{r} \Rightarrow \mathrm{sky}^s \subset \alpha-\mathrm{sky}^s_{\mu_{\varepsilon,\lambda}}$ （$\forall \varepsilon > 0$，$\forall \lambda > 0$）。

引理 4.1 如果 $\alpha' < \alpha$，则关于对比函数 $\mu_{\varepsilon,\lambda}$ 的 α'-支配服务 skyline 是关于该对比函数的 α-支配服务 skyline 的子集，即 $\alpha'-\mathrm{sky}^S_{\mu_{\varepsilon,\lambda}} \subset \alpha-\mathrm{sky}^S_{\mu_{\varepsilon,\lambda}}$。

由引理 4.1 可知，当 α 调整时可以控制 skyline 中服务的规格。与 Pareto 支配不同，α-支配并不是非对称的，因此，一个关于 α-支配服务 skyline 的直接剪枝过程可能会导致严重的错误。例如，s_i 由于被 s_j α-支配而剪枝，而 s_j 由于没有被其他服务 α-支配而被保留，但是 s_j 被 s_i α-支配。

定义 4.8（α-Pareto-支配） 对于给定的两个服务 $s_i, s_j \in S$，如果 s_i 关于对比函数 $\mu_{\varepsilon,\lambda}$ α-Pareto-支配 s_j，记为 $s_i \prec^{\alpha}_{\mu_{\varepsilon,\lambda}} s_j$，当且仅当 $s_i \prec s_j \wedge s_i \prec^{\alpha}_{\mu_{\varepsilon,\lambda}} s_j$。

引理 4.2 对于给定的两个服务 $s_i, s_j \in S$，如果 s_i 支配 s_j，那么对于任意 $s_k \in S$ 和任意对比函数 $\mu_{\varepsilon,\lambda}$，都有 $\deg_{\mu_{\varepsilon,\lambda}}(s_i \prec s_k) \geqslant \deg_{\mu_{\varepsilon,\lambda}}(s_j \prec s_k)$，即 $s_i \prec s_j \Rightarrow$

$\deg_{\mu_{\varepsilon,\lambda}}(s_i \prec s_k) \geqslant \deg_{\mu_{\varepsilon,\lambda}}(s_j \prec s_k)$，$(\forall \varepsilon > 0, \forall \lambda > 0)$。

证明： $s_i \prec s_j \Leftrightarrow \forall l \in [1,r]$，$q_l(s_i) \leqslant q_l(s_j) \wedge \exists m \in [1,r]$，$q_m(s_i) < q_m(s_j)$。

$s_i \prec s_j \Leftrightarrow \forall l \in [1,r]$，$q_l(s_i) \leqslant q_l(s_j)$。因而对于任意服务 s_k，$\forall l \in [1,r]$，$q_l(s_i) - q_l(s_k)$ $\leqslant q_l(s_j) - q_l(s_k)$；从而 $\forall l \in [1,r]$，$q_l(s_k) - q_l(s_i) \leqslant q_l(s_k) - q_l(s_j)$；所以对于任意对比函数 $\mu_{\varepsilon,\lambda}$，都有 $\forall l \in [1,r]$，$\mu_{\varepsilon,\lambda}[q_l(s_k) - q_l(s_i)] \leqslant \mu_{\varepsilon,\lambda}[q_l(s_k) - q_l(s_j)]$，从而有

$$\frac{\sum_{l=1}^{r} \mu_{\varepsilon,\lambda}[q_l(s_i), q_l(s_k)]}{r} \geqslant \frac{\sum_{l=1}^{r} \mu_{\varepsilon,\lambda}[q_l(s_j), q_l(s_k)]}{r}$$

因此，$\deg_{\mu_{\varepsilon,\lambda}}(s_i \prec s_k) \geqslant \deg_{\mu_{\varepsilon,\lambda}}(s_j \prec s_k)$。

引理 4.3 对于 $\alpha > \dfrac{r-1}{r}$，如果一个服务 s_i 关于对于函数 $\mu_{\varepsilon,\lambda}$ 不被任何 S 中的服务 α-Pareto-支配，那么 $s_i \in sky^S_{\mu_{\varepsilon,\lambda}}$。

证明： 假设 s_i 不受 α-Pareto-支配，依据定义 4.8 可知，$\forall s_j \in S$，$s_j \not\prec s_i \vee s_j \not\prec^{\alpha}_{\mu_{\varepsilon,\lambda}} s_i$。

由于 s_i 没有被 s_j α 支配，所以 $s_j \not\prec^{\alpha}_{\mu_{\varepsilon,\lambda}} s_i$，按照定理 4.1 相同的证明方式可证明 $s_j \not\prec s_i$，所以有 $\not\exists s_j \in S, s_j \not\prec^{\alpha}_{\mu_{\varepsilon,\lambda}} s_i$，因此 $s_i \in sky^S_{\mu_{\varepsilon,\lambda}}$。

由定义 4.8 和引理 4.3 可知，如果一个服务 s_j 被 α-Pareto-支配，则其可以被剪枝，因为它不是 α-支配服务 skyline 的一部分（受其他服务 α-支配），并且它不能用于剪枝（s_j 被支配）。

因为并非所有服务都是解的候选服务。在每个抽象服务类上执行 α-支配服务 skyline 查询过程，用于区分抽象服务类所对应的服务中哪些是组合服务的候选服务，哪些不可能是组合服务的一部分。在 ACO-PSO 算法中，α-支配服务 skyline 查询过程利用 α-DSSA 算法对所有抽象服务类 S_i 中的候选服务进行过滤，去掉冗余服务后得到的 α 非支配解集记为抽象服务类 D_i，代替抽象服务类 S_i 作为新的候选服务空间。

4.3.3 蚁群构造图转换

如果抽象服务类 D_i 所对应的非支配集中候选服务数目 l_i 大于 T，则利用 k 均值聚类算法来发现近似的候选服务，将候选服务集分成 k 个部分，并且形成聚类中心。在此基础上，将抽象流程图中每个代表抽象服务类的节点 D_i 转变为多个节点，每个节点由该抽象服务类所产生的所有聚类中心 $D_{i1}, D_{i2}, \cdots, D_{ik}$ 表示，并且对

于抽象流程图中存在连接的两个节点 S_i、S_j，它们所产生的所有聚类中心之间都存在连接，即 $D_{i1}, D_{i2}, \cdots, D_{ik}$ 和 $D_{j1}, D_{j2}, \cdots, D_{jk}$ 之间存在连接。抽象流程图的原点和终点不变，仍为有向聚类图的原点和终点，即 ACO 算法的构造图，用 CG 表示。图 4.2 将抽象流程图的一个组合抽象服务 CAS，转换为由 3 个聚类中心替换一个抽象类的部分蚁群构造图形式。

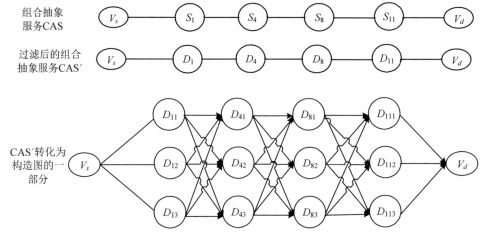

图 4.2 一个组合抽象服务转换为动态构造图的一部分

定义 4.9（可行路径） 对于蚁群构造图从节点 V_s 到节点 V_d 的路径 p，并且路径 p 具有一个特殊的绑定模式，当且仅当与路径界定绑定的所有服务的组合满足所有的全局 QoS 约束，即 $\boldsymbol{C}' = (c'_1, c'_2, \cdots, c'_m)$，$1 \leqslant m \leqslant r$，$q'_1(FOCS) \leqslant c'_k$，$\forall k \in [1, m]$ 时，认为这条路径可行。

路径 p 的评价次数计算如下：

$$evaluation(p) = \begin{cases} 1 - fitness(FOCS), & vcons(FOCS) = 0 \\ 2 - \dfrac{1}{[1 - vcons(FOCS)]}, & \text{其他} \end{cases} \quad (4.13)$$

式中，$vcons(FOCS)$ 表示 FOCS 违反约束的个数。这样，一条路径违反的约束越多，则评价次数越高。从上式看出评价次数不但取决于适应度值还和违反约束的数目有关。

为了覆盖所有可能的组合服务，作者采用动态构造图，它是一个自适应过程，通过动态地改变候选服务和节点的绑定关系，使得从一种绑定模式变化为另一种绑定模式。对于一个当前的绑定模式（Current Binding Mode，CBM）是否变化为到下一个绑定模式（Next Binding Mode，NBM），取决于所获得路径 p 的最小适用度值和 HEU-PSO 局部搜索策略。通过局部搜索策略 HEU-PSO，绑定模式自适应地变化为包含同一条路径且适应度值更小的另一个绑定模式。很显然，信息的粒度通过动态构造图进一步细化。另外，因为一个动态构造图的所有绑定模式拥有由聚类图决定的相同的拓扑结构和规模，所以需存储的信息素也是可控的。因此，动态构造图能有效地为大规模服务选取问题建模而且使用 ACO 算法进行搜索。

4.3.4 算法描述

基于以上的定义和描述，服务选取问题的混合蚁群算法 Algorithm ACO-PSO 的描述如下。

```
Algorithm ACO-PSO
Parameter
int Max_cluster_number;
int Min_cluster_number;
int C_size;     //The ant colony size
Begin
     for each service class s_class do
     Use the skyline query process to identify its skyline services SL_{s_class};
     if(|SL_{s_class}|>Min_cluster_number)
          Use the k-means process partitioning the skyline services into
          K clusters, K<=Max_cluster_number;
     endif
     endfor
     Build the clustering graph CG;
     Establish an initialized binding mode;
Initialize pheromone trails;
repeat
     fit_1_bestA = +∞;
     for k=1 to C_Size do
     construct a path A_k based on a defined construction mechanism for ant k;
     if (fit(A_k)<fit_1_bestA) then
     l_bestA = A_k;
     fit_1_bestA = fit(A_k);
     endif
     endfor;
     Adjust the binding mode based on the HEU-PSO strategy (l_bestA);
     if fit(l_bestA)<fit(g_bestA) then g_bestA = l_bestA; endif
     update pheromone trails based on a defined strategy;
     until the maximum evaluation number is arrived or
```

the other termination condition is satisfied;

      return g_bestA;

End

从以上可以看出，动态构造图绑定模式的规模由参数 $N_{C,max}$ 和 $N_{C,min}$ 控制。建立聚类图以后，离聚类中心 $C_{i,j}$ 最近的候选服务 $c_{i,j} \in S_i$ 与节点 $V_{i,j}$ 绑定形成初始化的绑定模式。每一代中通过蚂蚁找到有希望的搜索区域，然后采用启发式策略对这个区域进一步搜索并且替换绑定模式。进行信息素的初始化时，作者将信息素的下界和上界分别设为 $\tau_{min}=0.10$ 和 $\tau_{max}=4.00$，为了阻止信息素在处理过程中两极分化，同时扩大搜索空间的探索范围。在算法初始化阶段，将每个节点的信息素设为 $(\tau_{min}+\tau_{max})/2$，以平衡在第一次循环中探索和开发的能力。

因为蚂蚁通过在图节点上放置信息素来交流，所以每个节点 $V_{i,j}$ 上信息素的量记为 $\tau(V_{i,j})$。直观地认为信息素代表已经获知的将抽象服务类 i 中的第 j 个服务实例绑定到该抽象服务类的期望。在目前的绑定模式下，一只蚂蚁构建一条路径的方法归纳如 Procedure Path 所示。

Procedure Path 蚂蚁 k 构建一条路径

Begin

    $A_k=\{v_s\}$;

    Repeat

        用已有的选择规则从蚂蚁可行的邻域中选取节点 v；

        蚂蚁移动到节点，$A_k=A_k \cup \{v\}$；

    Until ($v=v_d$)

End

对于指定蚂蚁 k，当它处在节点 $V_{i,j}$ 并且正在构建一条路径 A_k 时，在目前绑定模式下，它的可行邻域表示为 $Nbr_k(V_{i,j})$，即所有与节点 $V_{i,j}$ 相连的顶点集合。蚂蚁 k 对邻域中节点进行选择，本章采用轮盘赌的选择规则，在该规则下，蚂蚁选择邻域中节点 $v_{p,q}$ 的概率计算公式为

$$pro\left(\left\langle v_{p,q}, A_k, v_{i,j} \right\rangle\right) = \frac{[\tau(v_{p,q})]^\alpha [\eta(v_{p,q})]^\beta}{\sum\limits_{v \in Nbr_k(v_{i,j})} [\tau(v)]^\alpha [\eta(v)]^\beta} \tag{4.14}$$

式中，$\tau(v_{p,q})$ 表示顶点 $v_{p,q}$ 的信息素因数；$\eta(v_{p,q})$ 表示顶点 $v_{p,q}$ 的启发式信息因数；参数 α 和 β 分别表示它们的权重。一个与其他多数算法的主要的区别在于该算法的启发式信息因数 $\eta(v_{p,q})$ 取决于 A_k 中所有已经访问过的节点。它与当前路径 A_k 加入节点 $v_{p,q}$ 后所新增违反约束的数目成反比，计算公式如下：

$$\eta(v_{p,q}) = \frac{1}{1 + vcons(A_k \cup v_{pq}) - vcons(A_k)} \tag{4.15}$$

当所有蚂蚁都构建完一个完整的路径后，信息素被更新。本章所采用的信息素更新策略分为在线更新和离线更新两部分。在线更新过程于所有蚂蚁在构造图中每搜索完一个节点时执行，并且只应用于它所访问的上一个节点。对于一只蚂蚁上一次访问的节点 v，其信息素在线更新公式为 $\tau(v) = (1-\varphi)\tau(v) + \varphi(\tau_{min} + \tau_{max})/2$。当所有蚂蚁都到达终点，即完成一次搜索时，执行离线更新，对于每个节点 v，其信息素离线更新公式如下：

$$\tau(v) = \begin{cases} (1-\rho) \times \tau(v) + \rho \times \Delta\tau(A_k, v), & A_k \text{表示当前这次迭代中构造的最好路径} \\ \tau(v), & \text{其他} \end{cases}$$

（4.16）

式中，ρ 为蒸发概率，$0 < \rho < 1$；A_k 为当前这次迭代中构造的最好路径；$\Delta\tau(A_k, v)$ 为应该放置在节点 v 上的信息素量，其定义如下：

$$\Delta\tau(A_k, v) = \begin{cases} \dfrac{1}{1 + evaluation(A_k)}, & v \in A_k \\ 0, & \text{其他} \end{cases}$$

（4.17）

4.4　实　验　评　价

本节将给出对 ACO-PSO 算法进行的实验评价，着重于所获得最好解的效用，即解的质量，然后将最有竞争力的解与已提出的相关算法 DiGA[54]、SPSO[55]、MPDACO[53]在四个不同规模测试用例上运行得到的解进行比较。所有算法的编程语言和执行环境：C++；a Core(TM)2，2.00GHz，3GB RAM。

4.4.1　测试用例和终止条件

这部分的实验同样是在 3.4 节所用的四个数据集上进行试验评估，并且采用相同的 QoS 属性聚合方式。利用这些数据集生成四个测试用例，如表 4.2 所示。然后设置几个四维 QoS 向量表示用户端到端的 QoS 约束。每个以 QoS 向量对应一以 QoS 为基础的服务组合需求，以致需要从每个抽象服务中挑选出一个具体的服务，使得整体适应度值最大，并且满足端到端的约束条件。在每个测试用例上进行 10 次实验，且所有算法的终止条件为当经过一段给定的时间所获得最优适应度值不再更新时，则该次实验停止运行，所获得最优适应度值为本次实验的结果。对于一个给定的测试用例，将给定的时间段设置为 $[(Co \times Ca)/2500] \times 1.5 \times 10^5$ ms，其中 Co 和 Ca 分别表示组合服务的规模和候选服务的规模。

表 4.2　测试用例

数据集	用例编号	抽象节点	组合服务规模/个	候选服务规模/个
QWS2	1	17	4/5	166
a_data(anti-correlation)	2	17	4/5	5000
c_data(correlation)	3	17	4/5	5000
i_data(independence)	4	17	4/5	5000

4.4.2　参数选取

在 ACO-PSO 算法中，主要的参数包括非支配集聚类可生成簇的最大数量 $N_{C,\max}$、α-支配服务 skyline 聚类前所需包含的最少服务数量 $N_{C,\min}$ 和蚁群的规格 S_C。因为前两个参数用于控制动态构造图的绑定规模，它们的设置主要依赖运行平台的配置。如果参数 $N_{C,\max}$ 设置太大、参数 $N_{C,\min}$ 设置太小，则需要较大存储空间来存储问题信息素。但是绑定模式变化所消耗的时间的降低能提高算法的求解效率。基于使用的运行环境，取 $N_{C,\min}=50$，$N_{C,\max}=Ca/N_{C,\min}$。如果不考虑算法复杂度，S_C 对算法效果的影响是显著的，问题规模越大，它的值就应该越大，所以将它设为 50。除了以上的参数，执行变量中还有其他更复杂和敏感的参数，它们的范围如表 4.3 所示。为了展示对参数的探索研究，选定三个有代表性的测试用例 2、3、4，它们对应的数据集分别具有相关、反相关和独立的特点。为了给这些参数设置合适的值，采用顺序关系 α、β、ρ、φ 对这些参数进行轮换设置。对于参数 α，每一次都改变它的值，其他参数设置为默认值。对于下一个没有轮换过的参数 β，每一次都改变它的值，其他轮换过的参数设置为它们所获得的最好值，其他没有轮换过的参数设置为默认值。对于其余两个参数，采取和参数 β 一样的轮换办法。在这个过程中，对于 ACO-PSO 算法的每种参数设置，在每个测试用例上运行 10 次，结果如图 4.3 所示。从图 4.3（a）中可以看出，当 $\alpha=1.5$ 时，测试用例 3 和测试用例 4 达到最大适应度值。从图 4.3（b）中可以看出，当 $\beta=2.0$ 时，所有测试用例达到最大适应度值。从图 4.3（c）中可以看出，当 $\rho=0.25$ 时，测试用例 2 和测试用例 4 达到最大适应度值。从图 4.3（d）中可以看出，当 $\varphi=0.10$ 时，所有测试用例达到最大适应度值。因此，本章认为 ACO-PSO 算法相对较好的参数设置为 $\alpha=1.5$、$\beta=2.0$、$\rho=0.25$ 和 $\varphi=0.10$。此外由于初始信息素浓度只是为算法的初始运行提供统一的参考信息，从而使蚂蚁无偏好地搜索问题的解。随着搜索的进行，算法所搜索到的解的质量会存在差异，因而解空间中相应边上信息素的累积量也会不同。因为群体中的成员总是朝着信息素浓度高的方向进行有偏好的搜索，所以这样的偏好巧妙地保证群体总体上朝着逼近全局最优解的方向搜索前进，因此影响算法最终搜索结果的是信息素的新增量而不是初始信息素量或信息素浓度上/下界（τ_{max} 和 τ_{min}）。因此本章将不对这些参数进行专门探讨。

表 4.3 轮换参数

参数	默认值	取值范围
α	1.50	$\alpha \in \{0.5, 1.0, 1.5, 2.0, 2.5\}$
β	1.50	$\beta \in \{0.5, 1.0, 1.5, 2.0, 2.5\}$
ρ	0.35	$\rho \in \{0.25, 0.30, 0.35, 0.40, 0.45\}$
φ	0.15	$\varphi \in \{0.05, 0.10, 0.15, 0.20, 0.25\}$

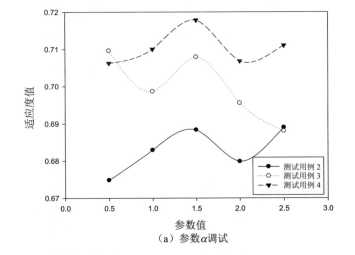

（a）参数 α 调试

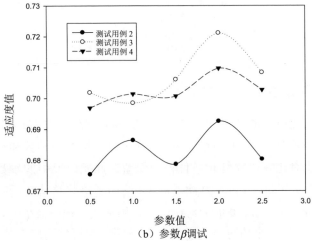

（b）参数 β 调试

图 4.3（一） 不同参数设置的效果图

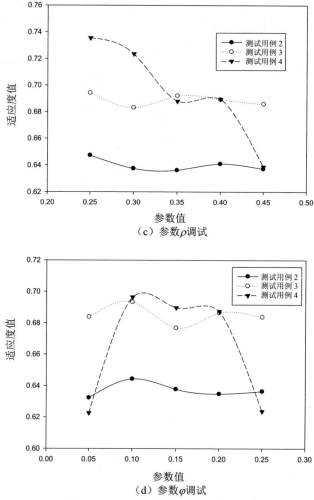

（c）参数ρ调试

（d）参数φ调试

图 4.3（二） 不同参数设置的效果图

4.4.3 与已提出的相关算法对比

在本小节,将 ACO-PSO 算法和近期提出的 DiGA 算法、SPSO 算法、MPDACO 算法的效用在 4 个不同规模的测试用例上进行比较。算法的参数和终止条件设置与上文相同。其他对比算法除终止条件外,保留在原始研究中的参数设置不变。每个算法在每个测试用例上运行 10 次。表 4.4 给出了这些算法在所有测试用例上运行 10 次得到的各算法适应度值的对比统计,包括最大值、最小值、平均值以及 t-检验值;其中 t 检验的三个值分别为各对比算法解集中解的适应度值与 ACO-PSO

算法解集中解适应度值进行对比检验，即 DiGA/ACO-PSO、SPSO/ACO-PSO、MPDACO/ACO-PSO 算法之间的求解质量对比，并且适应度值区别较大时，则 t-检验值较大。

表 4.4　不同算法适应度值对比[最大值/最小值/平均值（标准差）]

算法	测试用例 1	测试用例 2
DiGA	0.7291/ 0.6592/ 0.6946 (0.0005)	0.6345/0.5957/0.6105 (0.0017)
SPSO	0.8155/ 0.7720/ 0.7957 (0.0001)	0.6902/0.6514/0.6727 (0.0015)
MPDACO	0.7854/0.7234/0.75561 (0.0004)	0.7056/0.6576/0.68185 (0.0022)
ACO-PSO	0.8286/ 0.7982/ 0.8175 (0.0003)	0.7016/0.6665/0.6880 (0.0012)
t-检验值	14.383/4.029/8.736	16.317/4.167/3.925
算法	测试用例 3	测试用例 4
DiGA	0.6219/0.5896/0.6070 (0.0035)	0.6993/0.6464/0.6741 (0.0033)
SPSO	0.6982/0.6643/0.6846 (0.0034)	0.7368/0.6875/0.7190(0.0023)
MPDACO	0.6845/0.6363/0.66308 (0.0024)	0.7231/0.6954/0.71217(0.0002)
ACO-PSO	0.7380/0.6735/0.71289 (0.0014)	0.7464/0.7116/0.7385 (0.0001)
t-检验值	14.742/2.885/4.216	9.714/3.316/5.511

t 检验为算法 DiGA/ACO-PSO、SPSO/ACO-PSO、MPDACO/ACO-PSO 所得解集中解的适应度值之间的对比，并且双尾 t 检验的自由度为 10，显著性水平为 α=0.05。

从表中能看出 ACO-PSO 算法的最大值，最小值和平均值都比其他对比算法的相应值大，而且在测试用例 2、3、4 中方差最小，虽然 SPSO 算法在测试用例 1 中方差最小，作者仍然认为 ACO-PSO 算法比其他对比算法更稳定。同时从表 4.4 的 t-检验值中也可以看出，ACO-PSO 算法的求解质量远远优于其他对比算法。而且稳定性在图 4.4 中得到进一步的证明，图中明确显示了每个测试用例上所有算法的效用盒子统计图。它给出了每种算法的适应度值分布，包括最小观察值、低四分位值、中位值、高四分位值、最大观察值。另外，图 4.4 还显示了 ACO-PSO 算法对比其他算法在所有测试用例上适应度值的显著优越性。这主要是因为 ACO-PSO 算法中所包含的 α-skyline 服务查询过程能过滤掉许多受支配的候选服务，k 均值聚类细化了搜索的粒度同时提高了搜索精度。因此，作者认为 ACO-PSO 算法在适应度值方面优于其他对比算法，并且解决大规模服务选取问题的性能优良。

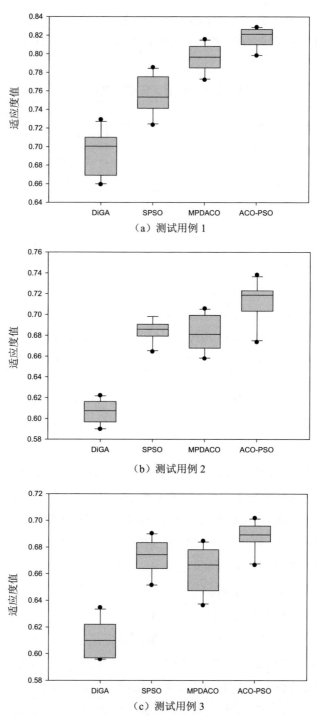

（a）测试用例 1

（b）测试用例 2

（c）测试用例 3

图 4.4（一） 不同测试用例对比算法的适应度值统计结果

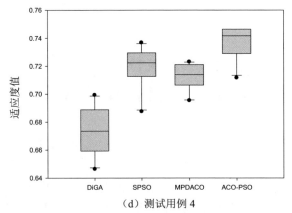

（d）测试用例 4

图 4.4（二）　不同测试用例对比算法的适应度值统计结果

4.5　本 章 小 结

对于面向功能的大规模服务选取问题，由于抽象流程中存在多个组合抽象服务，并且它们的长度不固定，所以 HEU-PSO 算法无法为多组合抽象服务找到高质量的组合服务；但 ACO 算法的灵活性能很好地为该问题确定一个有希望的组合抽象服务，并且 HEU-PSO 算法能对局部区域进行深入搜索，因此本章将 ACO 算法的灵活性和 PSO 算法深入搜索的特点相结合，提出了 ACO-PSO 算法。该算法利用 α-支配服务 skyline 搜索查询对候选服务集进行过滤，很好地去掉了抽象服务类中的冗余候选服务，缩小了问题的搜索空间。利用聚类对抽象服务类候选服务的划分，生成动态服务构造图，既避免了因信息粒度过细造成的算法效率太低，又避免了因信息粒度过粗造成对较好的解的忽略。实验结果表明 ACO-PSO 算法效果显著，这不止提供了一种解决服务选取的方法，而且为解决其他优化问题提供了参考。

第 5 章　求解固定流程的体检项目服务选取问题的单目标粒子群算法

固定流程的体检项目服务选取（Fixed Process Physical Examination Service Selection，FPPESS）问题是定制体检套餐系统中的一个关键问题。针对该问题，本章建立了求解该问题的单目标粒子群优化模型，并利用第 3 章中提出的混合 HEU-PSO 算法进行求解。通过与已提出的相关算法进行比较分析，结果显示对于大多数测试问题，HEU-PSO 算法在求解速度和质量方面都优于其他比较的算法。本章的内容结构如下：5.1 节给出固定流程的体检项目服务选取问题的模型；5.2 节给出 HEU-PSO 算法所涉及的多个策略和算法的具体内容；5.3 节为实验部分，将本章算法与已提出的相关算法进行对比；5.4 节为本章小结。

5.1　问 题 建 模

随着体检机构的不断增加，对于不同等级服务质量的相同体检项目也会越来越多。大量体检机构都会提供 QoMS 上存在差异但是内容相同的体检项目，使得定制体检套餐，即从不同体检机构选择体检服务形成体检项目组合服务（Physical Examination Composite Service，PECS）成为可能。同时体检项目的 QoMS 成为不同体检机构之间竞争的关键因素，也是体检项目组合服务的服务质量的关键。因此，医疗服务等级协议（Medical Service Level Agreement，MSLA）是用户和体检机构之间基于给定 QoMS 的协议基础。为了满足给定的医疗服务等级协议，体检项目定制系统需要优化固定流程的体检项目组合服务实例，即应该为抽象体检项目选取哪些体检服务使得约束条件能够被满足。这种为了满足端到端 QoMS 约束条件，查找抽象体检项目与候选体检服务之间的最优绑定关系的组合优化问题，称为固定流程的体检项目服务选取问题。同时也是一个 NP 难问题。

如图 5.1 所示，P_1、P_2、P_3、P_4 分别代表不同抽象体检项目的服务集合，例如，不同体检机构的肝胆脾胰肾彩超、血常规、心电图、胸部正侧位等。体检项目定制系统的抽象流程由抽象体检项目集合 P 构成，对于每个抽象体检项目 i，$i \in [0, |P|-1]$，对应一个抽象体检项目类 $P_i = \{p_{i1}, p_{i2}, \cdots, p_{in}\}$，并且 P_i 由检查内容相同但是 QoMS 属性不同的候选体检服务构成。由抽象流程及抽象体检项目类可形

成体检项目组合服务，具体定义如下。

定义 5.1（固定流程的体检项目组合服务） 在固定流程的体检项目选取问题中，对于与之相关的抽象流程和流程中的所有抽象服务类 $P = \{P_1,\cdots,P_{|P|-1}\}$，从每个抽象体检项目类 $P_1,\cdots,P_{|P|}$ 选取一个候选体检服务，所有这些候选服务构成抽象流程的一个固定流程体检项目组合服务（Fixed Process Physical Examination Composite Service，FPPECS），从而实现定制体检套餐，表示为 $FPPECS = \{p_1, p_2,\cdots,p_{|S|}\}$。

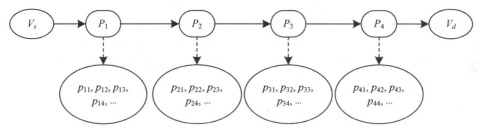

图 5.1 固定流程的体验项目服务选取问题的一个抽象体检项目流程图实例

由于固定流程的体检项目组合服务中各体检项目之间相互独立，且体检各项目的检查通常都是完成一项检查之后，再进行下一项的检查；一般没有两项检查同时进行，例如同时检查 B 超和心电图。因此对于固定流程的体检项目选取问题，其抽象流程仅由顺序执行构成，表示所有抽象体检项目按照一定的执行顺序进行。

QoMS 被用来描述用户对每个体检项目的满意程度，主要考虑三个方面的属性：专业水平（professional level）、价格（price）和时间（time）。MSLA 定义了体检项目组合服务包括 professional level、price 和 time 的端到端约束，为了满足给定的 MSLA 约束，开发者需要优化体检项目组合服务实例。

为了计算体检项目组合服务端到端的 QoMS 属性，用向量 $\boldsymbol{Q}(p_{ij}) = [q_1(p_{ij}), q_2(p_{ij}),\cdots,q_r(p_{ij})]$ 表示第 i 个抽象体检项目中第 j 个候选体检服务 p_{ij} 的 QoMS 属性值，其中函数 $q_k(p_{ij})$ 表示候选体检服务 p_{ij} 的第 k 个 QoMS 属性值。然后，对于包含 $n, n \in [1, |P|]$ 个成员服务的固定流程的体检项目组合服务 $FPPECS = \{p_1, p_2,\cdots,p_n\}$ 的 QoMS 属性值，由向量 $\boldsymbol{Q}(FPPECS) = [q_1'(FPPECS), q_2'(FPPECS),\cdots, q_r'(FPPECS)]$ 表示，其中 $q_k'(FPPECS)$ 为第 k 个属性端到端的 QoMS 属性估计值，由体检项目组合服务中各成员服务相应的 QoMS 属性值聚合计算得到；且 $p_1, p_2,\cdots,p_n$ 分别来自抽象体检项目 $P_1, P_2,\cdots,P_n$。

该问题所涉及的三个属性为分别用 Q_1、Q_2、Q_3 表示。professional level 指医生的专业水平，通过机构的等级来衡量，类比于医院的等级，分别是三级特等、三级甲等、三级乙等、三级丙等、二级甲等、二级乙等、二级丙等、一级。这个八个等级从高到低对应的分数分别为 10 分、8 分、6 分、5 分、4 分、3 分、2 分、1 分。固定流程的体检项目组合服务的专业水平属性 Q_1 为各候选体检服务的专业水平的算术平均值，具体如下所示：

$$Q_1(FPPECS) = \frac{\sum\limits_{j \in 抽象体检项目} Q_1(p_j)}{\sum\limits_{j \in 抽象体检项目}} \tag{5.1}$$

式中，$\sum\limits_{j \in 抽象体检项目}$ 表示所有抽象体检项目的数量，为常数。

price 指由体检机构规定的某项体检的公开价格。由于抽象流程中只有顺序结构，所以固定流程的体检项目组合服务的价格属性 Q_2 为各候选体检服务的价格之和，具体如下所示：

$$Q_2(FPPECS) = \sum\limits_{j \in 抽象体检项目} Q_2(p_j) \tag{5.2}$$

time 是一个衡量检查耗时的指标，由三个部分计算得到，分别是检查时长、等待时长和路途时长，对于候选体检服务的这几个属性，分别用 Q_4、Q_5、Q_6 表示。其中候选体检服务的等待时长和检查时长通过调研采样获取；路途时长指的是前往体检机构的赶路时长，通过计算节点间距离，然后转换成时长来获取该 QoMS 属性。候选体检服务的节点坐标用 Q_7、Q_8 表示。候选体检服务 p_{ij} 的路途时长 Q_6，通过计算该节点与初始节点间坐标的距离，然后转换成相应时长。假设初始节点为 p_0，距离转换为时间的速度为 v，则候选体检服务 p_{ij} 的时间属性 Q_3 可以通过下式得到：

$$Q_3(p_j) = Q_4(p_j) + Q_5(p_j) + \frac{\sqrt{[Q_7(p_j) - Q_7(P_0)]^2 + [Q_8(p_j) - Q_8(P_0)]^2}}{v} \tag{5.3}$$

固定流程的体检项目组合服务的路途时长，通过计算组合服务中相邻候选体检服务节点坐标之间的距离，然后转换成相对应的时长。固定流程体检项目组合服务的时间属性 Q_3 为各候选体检服务的等待时长之和加上检查时长之和，再加上固定流程的体检项目组合服务的路途时长。假设初始节点为 p_0，距离转换为时间的速度为 v，则固定流程的体检项目组合服务的时间属性 Q_3 可以通过下式得到：

$$Q_3(FPPECS) = \sum\limits_{j \in 抽象体检项目} Q_4(p_j) + \sum\limits_{j \in 抽象体检项目} Q_5(p_j)$$

$$+ \sum\limits_{j \in 抽象体检项目} \frac{\sqrt{[Q_7(p_j) - Q_7(p_{j-1})]^2 + [Q_8(p_j) - Q_8(p_{j-1})]^2}}{v} \tag{5.4}$$

定义 5.2（可行解）　对于一个给定抽象流程和一个全局 QoMS 约束向量，约束向量即用户的需求，表示为不同 QoMS 属性的上界（或下界）向量 $C = (c_1, c_2, \cdots, c_m)$，$1 \leqslant m \leqslant r$，当抽象流程的一个固定流程的体检项目组合服务的 QoMS 属性满足全局约束条件，即 $q_k(FPPECS) \leqslant c_k$，$\forall k \in [1, m]$ 时，则认为该固定流程的体检项目组合服务为固定流程的体检项目服务选取问题的一个可行解。

对于图 5.1 中的抽象流程，给定全局约束为 $C = (c_1, c_2, c_3)$，则约束不等式如下所示：

$$Q_1(FPPECS) = \frac{\sum\limits_{j \in 抽象体检项目} Q_1(p_j)}{\sum\limits_{j \in 抽象体检项目}} \geqslant c_1 \tag{5.5}$$

$$Q_2(FPPECS) = \sum\limits_{j \in 抽象体检项目} Q_2(p_j) \leqslant c_2 \tag{5.6}$$

$$Q_3(FPPECS) = \sum\limits_{j \in 抽象体检项目} Q_4(p_j) + \sum\limits_{j \in 抽象体检项目} Q_5(p_j)$$

$$+ \sum\limits_{j \in 抽象体检项目} Q_5(p_j) \frac{\sqrt{[Q_7(p_j) - Q_7(p_{j-1})]^2 + [Q_8(p_j) - Q_8(p_{j-1})]^2}}{v} \leqslant c_3 \tag{5.7}$$

为了对一个给定的单个体检候选体检服务及固定流程的体检项目组合服务进行适应度值估计，利用适应度函数 *fitness* 将 QoMS 属性向量 Q_{FPPECS} 转化为一个实数值。假设存在 x 个 QoMS 正属性（属性值越大效果越佳）和 y 个 QoMS 负属性（属性值越小效果越好），属于抽象体检项目类 P_j 的候选体检服务 p 的效用函数 *fitness*(*p*) 由下式给出：

$$fitness(p) = \sum_{v=1}^{x} \frac{q_v'(p) - \min\limits_{\forall p \in P_j} q_v(p)}{\max\limits_{\forall q \in P_j} q_v(p) - \min\limits_{\forall p \in P_j} q_v(p)} \times \omega_v + \sum_{k=1}^{y} \frac{\max\limits_{\forall q \in P_j} q_k(p) - q_k'(p)}{\max\limits_{\forall q \in P_j} q_k(p) - \min\limits_{\forall p \in P_j} q_k(p)} \times \omega_v \tag{5.8}$$

整体适应度函数 *fitness*(*FPPECS*) 由下式给出：

$$fitness(FPPECS) = \sum_{v=1}^{x} \frac{q_v'(FPPECS) - Q_{\min}'(v)}{Q_{\max}'(v) - Q_{\min}'(v)} \times \omega_v + \sum_{k=1}^{y} \frac{Q_{\max}'(k) - q_k'(FPPECS)}{Q_{\max}'(k) - Q_{\min}'(k)} \times \omega_v \tag{5.9}$$

式（5.8）和式（5.9）中，$\omega_k, \omega_v \in R_0^+$；$\sum\limits_{v=1}^{x} \omega_v + \sum\limits_{k=1}^{y} \omega_k = 1$ 分别表示 q_k' 和 q_v' 的权重，代表用户对各属性的偏好。以上两式中，$\min\limits_{\forall p \in P_j} q_k(p)$ 和 $\max\limits_{\forall p \in P_j} q_k(p)$ 是抽象体检项目类 P_j 所有候选服务关于 QoMS 属性 k 的最小值和最大值。

$$Q'_{\min}(k) = F_{j=1}^{n}\left[\min_{\forall p \in P_j} q_k(p)\right] \qquad (5.10a)$$

$$Q'_{\max}(k) = F_{j=1}^{n}\left[\max_{\forall p \in P_j} q_k(p)\right] \qquad (5.10b)$$

式（5.10）分别表示给定元抽象流程所对应的所有 N 个抽象体检项目类的第 k 个 QoMS 属性的最小值复合和最大值复合，F 为不同的 QoMS 属性标准的聚合函数，即如式（5.1）～式（5.4）所示。

定义 5.3（固定流程的体检项目服务选取问题） 对于一个给定抽象流程和一个全局 QoMS 约束 $C = (c_1, c_2, \cdots, c_m)$，$1 \leqslant m \leqslant r$，固定流程的体检项目服务选取是指先找到一个可行解，即固定流程的可行体检项目组合服务，并且使整体适应度值最优。

5.2 求解 FPPESS 问题的 HEU–PSO 算法

在抽象体检项目顺序连接的情况下，对于一个拥有 n 个抽象体检项目且每个抽象体检项目对应 l 个候选体检服务的应用请求，存在 l^n 种不同的可能组合。当功能相同的候选体检服务数目变大时，如何快速找到一个理想的解非常重要。对于给定的抽象体检项目流程，粒子群算法具有良好的全局搜索性能，在第 3 章 HEU-PSO 算法的基础上进行重新定义。在该算法中，重新定义了粒子位置形式，沿用第 3 章中 HEU-PSO 算法的离散搜索空间转换策略，用于实现将粒子群算法的连续搜索空间到与体检项目服务选取问题兼容的离散解空间的映射；沿用第 3 章 HEU-PSO 算法的适应度函数评价策略用于提高候选解的可行性；重新设计了启发式局部搜索策略，用于对新得到的个体最优解邻域进行局部搜索以提高求解的质量。并且将 HEU-PSO 算法与已提出的算法，在网络测试集和综合生成的实验数据上，进行对比实验，结果表明 HEU-PSO 算法在求解质量和效率方面效果显著。

5.2.1 粒子位置表示

对于固定流程的体检项目服务选取问题的任意抽象流程，用粒子位置来表示问题的一个解，也就是一个固定流程的体检项目组合服务；相应地，粒子位置的分量表示固定流程的体检项目组合服务为抽象流程中每个抽象体检项目所选取的候选体检服务，即粒子分量为候选体检服务在其对应抽象体检项目类的编号；根据体检项目组合服务的特点可知，粒子位置的分量为整数，并且粒子位置的长度为抽象流程的长度。对于抽象流程，假设其所有抽象体检项目类包含候选体检服务的个数为 100，0 表示没有选择任何候选体检服务，则它所对应的粒子长度为 15，每个粒子分量的范围为[1,100]中的整数并且不为 0，具体形式如图 5.2 所示。

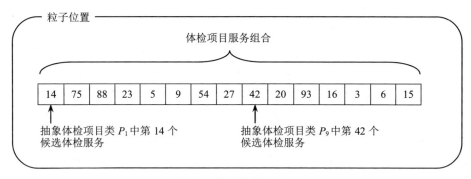

图 5.2　粒子位置表示

5.2.2　算法描述

利用 3.3.4 节 HEU 搜索策略对该问题进行局部搜索，由于 HEU 局部搜索策略适用于多约束背包问题，所以需要将问题中的约束条件转换为线性全局约束。令 $c_1' = 10 - c_1$，$c_2' = c_2$，$\overline{Q_1}(p_j) = 10 - Q_1(p_j)$，$\overline{Q_2}(p_j) = Q_2(p_j)$ 由于专业水平 QoMS 属性取值不超过 10，则 $c_1 \leqslant 10$，$Q_1(p_j) \leqslant 10$ 所以 c_1' 为大于等于 0 的常数，$\overline{Q_1} \geqslant 0$。对于不等式（5.5），两边同时乘以-1，并且加 10，得到：

$$10 - Q_1(FPPECS) = 10 - \frac{\sum\limits_{j \in \text{抽象体检项目}} Q_1(p_j)}{\sum\limits_{j \in \text{抽象体检项目}}}$$

$$= \frac{\sum\limits_{\substack{j \in \text{抽象体检} \\ \text{服务项目}}} [10 - Q_1(p_j)]}{\sum\limits_{j \in \text{抽象体检项目}}} \leqslant 10 - c_1 \tag{5.11}$$

则有

$$Q_1(FPPECS) = \frac{\sum\limits_{j \in \text{抽象体检项目}} \overline{Q_1}(p_j)}{\sum\limits_{j \in \text{抽象体检项目}}} \leqslant c_1' \tag{5.12}$$

则约束条件不等式（5.5）转化为

$$Q_2(FPPECS) = \sum\limits_{j \in \text{抽象体检项目}} \overline{Q_2}(p_j) \leqslant c_2' \tag{5.13}$$

式中，$\displaystyle\sum_{j \in 抽象体检项目}$ 表示所有抽象体检项目的数量，为常数，所以式（5.12）和式（5.13）为线性全局约束。

在完成与 HEU 局部搜索策略相匹配的问题约束条件的线性全局约束转换后，利用 3.3.5 节 HEU-PSO 算法对固定流程的体检项目服务选取问题进行求解。按照 HEU-PSO 算法执行的要求，首先对固定流程的体检项目服务选取问题进行建模，然后采用例子位置表示方法定义问题的一个解，即一个固定流程体检项目组合服务；接着采用 3.3.2 节离散搜索空间转换策略转变粒子的解空间，再利用 3.3.3 节适应度函数评价策略更新邻域中粒子的个体最优位置和邻域最优位置，以及执行以每 N_c 次迭代每个邻域中一个粒子最优位置执行一次启发式策略为基础的局部搜索，将 HEU 局部搜索策略和粒子群算法相结合，局部搜索的执行由不等式 $Count_k < 1$ 进行控制。

5.3 实 验 评 价

本节将给出对 HEU-PSO 算法进行的实验评价，着重于所获得最好解的效用，即解的质量，然后将最有竞争力的解与已提出的相关算法 MDPSO[53]、DiGA[54]、SPSO[55]在四个不同规模测试用例上运行得到的解进行比较。所有算法的编程语言和执行环境：C++；a Core(TM)2，2.00GHz，3GB RAM。

5.3.1 测试用例和终止条件

作者用四个数据集进行试验评估。第一个是通过网络和实地调研数据集（Survey Data set，SDS），包括 2000 条体检服务的八个 QoMS 属性的测量值。本章从数据集 SDS 中提取所需的三个 QoMS 属性，这些属性的名称、权重和复合方式如式（5.1）～式（5.4）所示。作者还在三个生成的数据集上进行试验，用大量服务和它们的不同分布对所提出方法进行测试，这些数据通过公开合成发生器生成：①相关的数据集（cQoMS），其中 QoMS 参数值呈正相关；②一个反相关的数据集（aQoMS），其中 QoMS 参数值是负相关的；③一个独立的数据集（iQoMS），其中 QoMS 值为随机生成值。每个数据集包含 100,000 个 QoMS 向量，每个向量代表一个网络服务的八个 QoMS 属性。HEU-PSO 算法的实现以图 5.1 中的抽象流程为基础，所以实验部分假设抽象流程的长度为 15 个抽象体检项目。数据集中的候选体检服务随机选出 15 份等量的候选体检服务集。分配给每个流程中的每个抽象体检项目，如此生成六个不同规模的测试用例，如表 5.1 所示，测试用例 T1、T2、T3 由调研数据集 SDS 所生成，其他三个测试用例分别由系统生成的三个数据集所产生。所有测试用例都包含 15 个抽象服务，其中测试用例 T1、T2、T3 每个抽象服务对应来自相关数据集的候选服务分别为 120 个、150 个和 180 个；测试用例 Tc4、Ta5 和 Ti6 中每个抽象服务对应来自相关数据集的候选服务都是 1200 个。然后根据不等式约束式（5.5）、式（5.6）设置几个二维的 QoMS 向量表示用户端到端的 QoMS 约束。每个 QoMS 向量对应一个以 QoMS 为基础的体检服务组合需求，以致需要从每个抽象体检项目中挑选出一个具体的服务，使得整体适应度值最大，并且满足端到端的约束条件。

表 5.1　测试用例

测试用例	数据集	抽象体检项目规模/个	候选体检服务规模/个
T1	SDS	15	120
T2	SDS	15	150
T3	SDS	15	180
Tc4	c_data（相关数据集）	15	1200
Ta5	a_data（反相关数据集）	15	1200
Ti6	i_data（独立数据集）	15	1200

5.3.2　与已提出的相关算法对比

将所有算法在每个测试用例上运行 10 次，并且将候选服务的的最大评价次数作为所有算法在每个测试用例上的终止条件，将其设置为 6×10^4。设置粒子群的规格为 45，邻域数目为 6，则邻域的规格为 7。其他参数的设置如 $c_1=c_2=1.49445$，$\omega\_ini=0.9$，$\omega\_end=0.4$，$iter\_max=6\times10^4$，$\omega=\omega\_ini-(\omega\_ini-\omega\_end)\times(iter/iter\_max)$，$N_c=5\times10^3$，对比算法 MDPSO[53]、DiGA[54]、SPSO[55]的参数设置和参考文献中一致。将每个算法在每个测试用例上运行 10 次，所得的适应度值的最大值、最小值和平均值如表 5.2 所示，不同算法在所有测试用例上的均价消耗时间如图 5.3 所示。

表 5.2　不同算法适应度值对比（最大值/最小值/平均值）

测试用例	DiGA/算法	SPSO/算法
T1(120)	0.7717/0.7276/0.7516	0.7631/0.7317/0.7453
T2(150)	0.7697/0.7201/0.7485	0.7608/0.7181/0.7402
T3(180)	0.7685/0.7127/0.7435	0.7522/0.7248/0.7396
Tc4(1200)	0.4653/0.4168/0.4405	0.4625/0.4372/0.4494
Ta5(1200)	0.5063/0.4570/0.4735	0.5267/0.4803/0.4915
Ti6(1200)	0.4713/0.4315/0.4472	0.5324/0.4845/0.5132

续表

测试用例	MDPSO/算法	HEU-PSO/算法	t 检验
T1(120)	0.7399/0.7354/0.7415	0.8012/0.7931/0.7977	7.237/6.632/5.715
T2(150)	0.7252/0.7013/0.7186	0.7908/0.7874/0.7885	13.08/10.523/18.973
T3(180)	0.7521/0.7218/0.7359	0.8106/0.7991/0.8076	5.959/5.023/18.252
Tc4(1200)	0.4591/0.4287/0.4358	0.5049/0.4942/0.4971	30.871/22.115/13.752
Ta5(1200)	0.5303/0.4925/0.5144	0.5538/0.5278/0.5302	19.858/18.985/16.580
Ti6(1200)	0.5498/0.5073/0.5264	0.5879/0.5592/05712	17.217/20.323/15.316

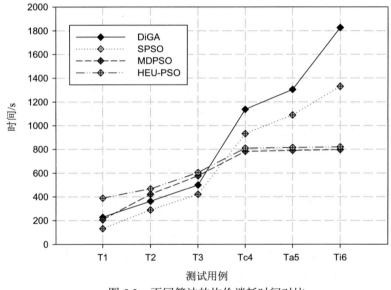

图 5.3　不同算法的均价消耗时间对比

为了更清晰地体现问题解的分布，算法运行所得的适应度值 f_i 将通过以下公式转化为 r 值：

$$r_i = \frac{f_i - f_{best}}{f_{worst} - f_{best}} \qquad (5.14)$$

式中，f_{worst} 和 f_{best} 分别为所有对比算法在同一个测试用例上所得到的最小和最大适应度值。不同算法在不同测试用例上的 r 值统计结果如图 5.4 所示。不同算法在不同测试用例上的收敛属性曲线如图 5.5 所示。

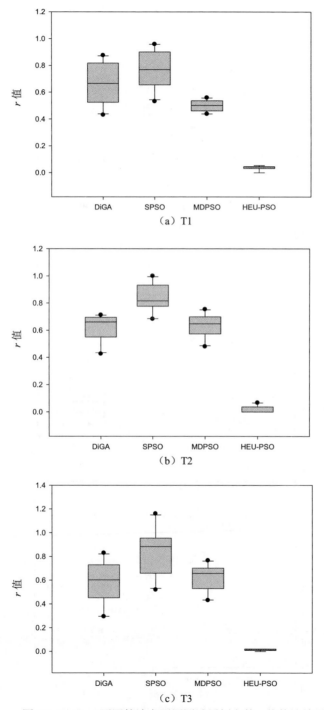

图 5.4（一）　不同算法在不同测试用例上的 r 值统计结果

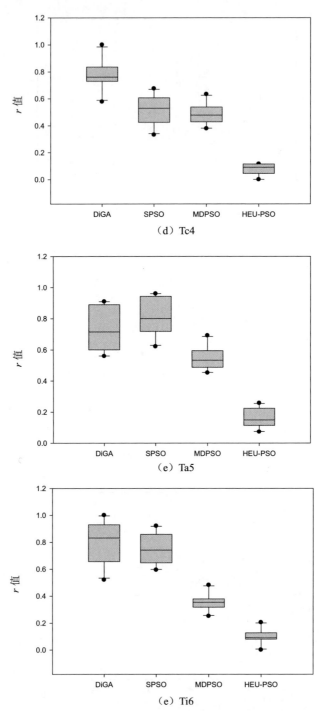

（d）Tc4

（e）Ta5

（e）Ti6

图 5.4（二） 不同算法在不同测试用例上的 r 值统计结果

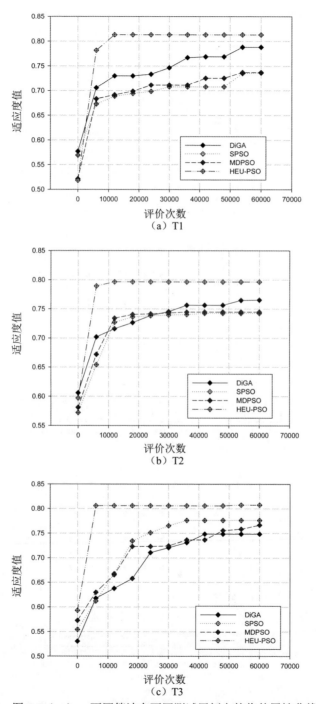

（a）T1

（b）T2

（c）T3

图 5.5（一） 不同算法在不同测试用例上的收敛属性曲线

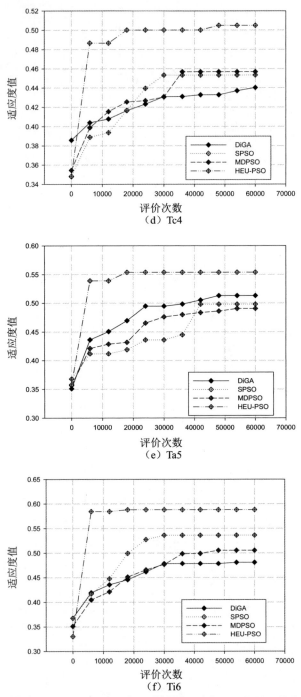

（d）Tc4

（e）Ta5

（f）Ti6

图 5.5（二） 不同算法在不同测试用例上的收敛属性曲线

t 检验为算法 DiGA/HEU-PSO、SPSO/HEU-PSO、MDPSO/HEU-PSO 所得解集中解的适应度值之间的对比，并且双尾 t 检验的自由度为 9，显著性水平为 $\alpha=0.05$。

如图 5.3 所示，将 HEU-PSO 算法与 DiGA 算法和 SPSO 算法相比，在测试用例 T1、T2 和 T3 中，HEU-PSO 算法消耗时间较长，效率相对低一些；不过在测试用例 Tc4、Ta5 和 Ti6 中，HEU-PSO 算法消耗时间明显短且效率高。这主要是因为 HEU-PSO 算法运行所消耗的时长与测试用例的规模关系不大，与迭代的次数密切相关，所以对于所有测试用例，HEU-PSO 算法消耗时长变化不大。而测试用例规模越大，越有明显优势，正如 HEU-PSO 算法在测试用例 Tc4、Ta5 和 Ti6 中的表现。HEU-PSO 算法和 MDPSO 算法效率相当，主要由于算法 MDPSO 算法复杂度取决于 PSO 算法的复杂度，都比较小。表 5.2 给出了各算法适应度值的对比统计，包括最大值、最小值、平均值以及 t-检验值；其中 t 检验的三个值分别为各对比算法解集中解的适应度值与 HEU-PSO 算法解集中解适应度值进行对比检验，即 DiGA/HEU-PSO、SPSO/HEU-PSO、MDPSO/HEU-PSO 算法之间的求解质量对比，并且适应度值区别较大时，t-检验值较大。从表 5.2 中可以看出，本章所采用的 HEU-PSO 算法的性能远远优于对比算法，因为它所获得的适应度值的最大值、最小值和平均值都大于对比算法，同时从表 5.2 的 t-检验值也可以看出，HEU-PSO 算法的求解质量远远优于其他对比算法，另外从图 5.4 中可以还得到进一步证明。从该图中可以看出，在所有测试用例中，HEU-PSO 算法所获得解的 r 值均好于其他对比算法所获得解的 r 值。图 5.5 给出所有算法在不同测试用例上运行 10 次的平均收敛图，明确显示了所有算法的收敛属性，可以看出 HEU-PSO 算法不但收敛速度要快于其他对比算法，且不易陷入局部最优，所以它的收敛值是最好的。因此可以得到结论：本章所采用的 HEU-PSO 算法在求解质量和效率方面优于其他对比算法，并且能很好地解决大规模固定流程体检项目服务选取问题。

5.4　本　章　小　结

针对固定流程的体检项目服务选取问题,本章利用第3章所提的混合HEU-PSO算法进行求解，在 PSO 全局搜索的基础上，利用 HEU 进行深入搜索，得到次优解集，从而提高求解质量。在该算法中重新定义了粒子位置，沿用已有的离散空间映射策略，实现从粒子群的连续搜索空间到问题离散解空间的映射；重新定义 HEU 局部搜索策略，对粒子查找到的目标局部区域进行进一步搜索。通过与已提出的算法对比，表明该算法在大规模单目标体检项目服务选取问题中的求解质量和效率方面效果显著。

第 6 章 基于资源独立的 SLA 等级感知服务组合问题的混合多目标离散粒子群算法

由于很多服务系统中同时存在多个服务等级，并且不同等级之间的服务无法共享，针对该问题，本章提出了 HMDPSO 算法，建立了求解该问题的多目标粒子群优化模型。该算法中，采用 GA 算法中的交叉算子设计粒子更新策略。在粒子变异策略中，引入了群体多样性指标指导粒子的变异操作，以防止群体的早熟收敛并增强群体的全局搜索能力。为加快获得满足问题约束条件的候选解，提出了一种基于约束支配关系的局部搜索策略并将其结合到 HMDPSO 算法中。实验部分，对 HMDPSO 算法的参数值进行了分析，并将该算法以及融入局部搜索策略的 HMDPSO+算法与已提出的算法在不同规模的测试用例上进行了实验对比，结果表明 HMDPSO+算法能够更加有效地解决该问题。

6.1 研 究 现 状

SLA 等级感知服务组合问题是 SOA 中的一个关键问题[175,176]，对其进行研究具有重要意义。在 SOA 中，每个应用程序由一个服务集合和一个流程组成。每个服务都是应用程序的功能组件，流程定义了它们之间的相互作用。当应用程序运行时，它的流程被实例化，即为流程中每个服务部署一个或多个服务实例。每个服务实例服从一个特定的部署计划，即不同的服务实例具有不同的 QoS 属性水平。当一个应用程序打算为不同用户分类提供服务时，它被实例化为多个流程实例，每个流程实例为一个指定的用户类提供一个特定的 QoS 属性水平。在 SOA 中，SLA 被定义为一个实例化流程端到端的 QoS 属性需求，如 throughput、latency、cost。为了让应用程序满足给定的 SLA，开发者需要优化服务实例组合，即哪些服务实例用于部署哪些服务，每个服务需要使用多少个服务实例。这种为了满足不同 SLA 等级，查找每个服务和它的服务实例间的最优绑定关系的组合优化问题，称为 SLA 等级感知服务组合（SLA-aware Service Composition，SSC）问题。

SSC 问题已被研究人员广泛研究，并且他们提出了各种解决办法。例如，Blake M B 和 Cummings D J[177]利用穷尽搜索的方式解决 SSC 问题，然而这个方法显著的问题是计算成本很高，因为 SSC 问题的搜索空间巨大。尽管有大量的研究人员将 SSC 问题映射为一个整数线性规划的问题，然后利用线性规划解决该问题[178]，但是线性规划不适合解决 SSC 问题，因为：

（1）它不能揭示 QoS 属性间的权衡关系。

（2）它的计算代价呈指数增长。

线性规划是设计查找一个使得以线性形式定义的适应度函数最优的最优解。也有很多研究用简单加权法定义适应度函数，但是因为不同目标函数值的范围和优先级不一样，所以很难公平合理地为各目标分配权重，故简单加权法不能有效解决非平凡优化问题[179]。同样因为线性规划只能找到一个最优解，所以它不能很好地展示冲突 QoS 属性间的平衡。为了展示 QoS 属性间的权衡，Wiesemann W 等人[180]将 SSC 问题映射为一组混合线性整数规划问题。虽然这种方法能找到相同质量的一组解，但是这种方法计算代价高，原因是大量的混合线性整数优化问题需要定义并且需要找到多个解。并且与 PSO 算法[4]相比，线性规划算法可扩展性差，计算时间随着搜索空间的规模呈指数增长。另外，线性规划解决 SSC 问题的一个局限性，即冗余并行的具体服务实例的属性 latency 和 availability 不能以线性的形式定义。虽然 Guo H 等人[181]将 SSC 问题映射为一个混合非线性整数规划问题来支持 QoS 属性（如 availability）的非线性表示，但它只考虑一个目标，和其他研究一样只找到一个最优解。

也有研究人员为了避免高昂的计算代价，提出了启发式算法[41,52]来解决线性/非线性问题。Menasce D A 等人[183]提出了一个启发式算法来优化 SSC 问题的一个特定目标（如执行时间/执行代价）。他们使用简单加权的方法定义适应度函数或者优化其中的一个目标，并不是寻找质量相同的多个解。Nguyen X T 等人[184]和 Lin M 等人[185]利用模糊逻辑替代权重值的设置，但是仍然只能找到一个最优解。

和这些研究相比，2012 年 Wada H[56]等人提出的 E3-MOGA 算法，将 SSC 问题映射为一个多个等级的多目标优化问题，不用为优先级不同的目标设置权重而且能找到质量相同的多个解。同时它们的计算代价与搜索空间规模同比增长，在 QoS 属性的设置方面没有限制。但是这个算法存在以下三个问题。

（1）与 E3-MOGA 算法相关的 SSC 问题模型包含了太多的目标函数，即所有等级中组合服务的所有 QoS 属性。在这种情况下，当组合服务和 SLA 等级数量增长时，目标函数的数量将会显著增长。

（2）由于这两种算法中交叉和变异的个体都以均匀随机的方式选出，因此它们不能保证优良的候选个体以较大的可能被选择并参与到新一代群体的产生。

（3）在评价环境选择的个体适应度值时，E3-MOGA 算法只考虑了个体支配其他个体的强度，没有考虑个体被支配的强度，使得相同支配等级的个体支配度值相同。这些问题使得 E3-MOGA 算法收敛速度慢，易陷入局部最优，并且当问题规模过大时不易得到令人满意的解集。

为了解决以上问题，本章重新定义了 SSC 问题模型，提出 HMDPSO 算法，并将 GA 算法与 PSO 算法相结合，充分利用 PSO 算法的优点[53,186,187]，如易于实现、高精度和收敛快等。

在 HMDPSO 算法中，通过引入 GA 算法中的交叉算子，基于算子并以候选服务的交换对粒子更新策略进行了重新设计。并提出了粒子变异策略通过引入新的信息来增加群体多样性，提高全局搜索能力。为了提高适应度函数区分粒子的精度，重新定义了支配度值的产生方法来引导更精确的粒子优化过程，防止支配等级相同但是存在差别的优良个体被淘汰。为了加快获得满足问题约束条件的候选解和改进优化过程，提出了一种基于候选服务约束支配关系的局部搜索策略并将其结合到 HMDPSO 算法中的 HMDPSO+算法。

6.2　问 题 模 型

SLA 等级感知的服务组合问题是一个查找抽象服务与可用具体服务之间最优绑定的组合优化问题，是一个 NP 难问题，该问题的详细描述请参考文献[56]。图 6.1 为 SSC 问题的服务组合模型，其中包括抽象服务流、抽象服务所对应的具体服务及实例流程。多个具体服务实例可以绑定到同一个抽象服务并行执行，即为冗余并行，而且必须保证每个抽象服务至少有一个具体服务实例与其绑定。当完成对所有抽象服务的具体服务部署时，抽象服务流形成实例流程，即组合服务。由于 SSC 问题是一个针对多个服务等级的多目标优化问题，所以需要找到同时满足多个服务等级的解，即由满足不同等级的多个组合服务构成的解。对于解的相关定义如下。

定义 6.1（候选服务）　对于抽象流程中的一个抽象服务和与该抽象服务关联的多个具体服务，为了实现某个等级抽象服务的功能，所需部署的每个具体服务组成的部署方案称为该抽象服务的候选服务，该部署方案中允许相同的具体服务部置多个实例绑定到一个抽象服务，但这个部署方案具体范围的数量不能全为零，等级 i 上的抽象服务 j 的候选服务表示为 $cands_{ij}=(x_{ij1},\cdots,x_{ijM})$。

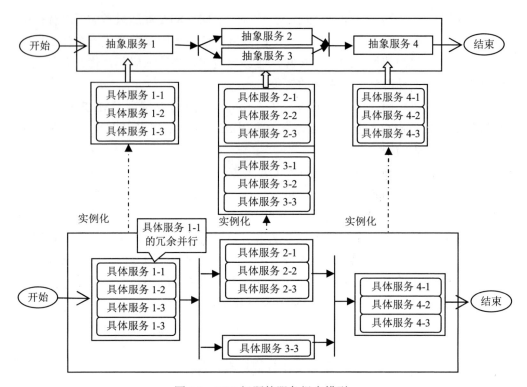

图 6.1　SSC 问题的服务组合模型

定义 6.2（SSC 组合服务）　　对于抽象流程和与各抽象服务关联的多个具体服务，通过为每个抽象服务部署候选服务实例，当完成对所有抽象服务的候选服务部署时，抽象服务流形成实例流程，即组合服务；按照多 SLA 等级约束，形成的多个组合服务，构成 SSC 问题的解。

为了判断一个解是否满足给定的 SLA 等级约束，需要通过聚合每个服务实例的 QoS 属性来计算该组合服务端到端的 QoS 属性。假设二维向量 $S=(s_{11},\cdots,s_{NM})$ 表示所有具体服务，其中 N 表示流程结构所对应的抽象服务个数，M 表示与每个抽象服务关联的具体服务的个数；三维向量 $X=(cs_1,\cdots,cs_L)=(x_{111},\cdots,x_{1NM},\cdots,x_{L11},\cdots,x_{LNM})$ 表示问题的解，其中 L 表示问题对应的问题中服务等级数量。则向量 X 中的分量 cs_i 表示与等级 i 关联的组合服务，如果 X 为可行解，则组合服务 cs_i 满足第 i 个服务等级的约束，x_{ijk} 代表组合服务 cs_i 中，具体服务 s_{jk} 实例的数量，其中 $i\in[1,L]$，$j\in[1,N]$，$k\in[1,M]$。

属性 throughput、latency、cost 分别用 Q_1、Q_2、Q_3 表示。通过组合服务的抽象流程结构以及将 QoS 属性聚合函数应用于具体服务的实例，计算它们端到端的

QoS 属性。每个候选服务可以解释为一组冗余并行的具体服务的集合，抽象服务内的 QoS 属性聚合函数如表 6.1 所示。每个候选服务的 QoS 属性可以通过聚合对应冗余并行具体服务实例来计算。对于抽象服务间的连接关系，表 6.2 给出了抽象服务间的 QoS 属性聚合函数，并且用 $\prod_T$、$\prod_L$、$\prod_C$ 分别表示不同抽象流程结构 QoS 属性 throughput、latency、cost 的聚合函数。

表 6.1　抽象服务内的 QoS 属性聚合函数

属性	聚合函数
吞吐量（throughput）	$\displaystyle\sum_{k=1}^{M} x_{ijk} \times Q_1(s_{jk})$
延迟时间（latency）	$\displaystyle\frac{1}{\displaystyle\sum_{k=1}^{M} x_{ijk}} \sum_{k=1}^{M} x_{ijk} \times Q_2(s_{jk})$
成本（cost）	$\displaystyle\sum_{k=1}^{M} x_{ijk} \times Q_3(s_{jk})$

表 6.2　抽象服务间的 QoS 属性聚合函数

属性	聚合函数	
	并行	顺序
吞吐量 $\prod_T$	$\displaystyle\min_{j\in 并行抽象服务}\left(\sum_{k=1}^{M} x_{ijk} \times Q_1(s_{jk})\right)$	$\displaystyle\min_{j\in 顺序抽象服务}\left(\sum_{k=1}^{M} x_{ijk} \times Q_1(s_{jk})\right)$
延迟时间 $\prod_L$	$\displaystyle\max_{j\in 并行抽象服务}\left(\frac{\displaystyle\sum_{k=1}^{M} x_{ijk} \times Q_2(s_{jk})}{\displaystyle\sum_{k=1}^{M} x_{ijk}}\right)$	$\displaystyle\sum_{j\in 顺序抽象服务}\left(\frac{\displaystyle\sum_{k=1}^{M} x_{ijk} \times Q_2(s_{jk})}{\displaystyle\sum_{k=1}^{M} x_{ijk}}\right)$
费用 $\prod_C$	$\displaystyle\sum_{j\in 并行抽象服务}\left(\sum_{k=1}^{M} x_{ijk} \times Q_3(s_{jk})\right)a$	$\displaystyle\sum_{j\in 顺序抽象服务}\left(\sum_{k=1}^{M} x_{ijk} \times Q_3(s_{jk})\right)$

　　假设问题考虑三类用户分类：白金卡用户类、金卡用户类和银卡用户类，则等级数量为 3，即 $L=3$；并且指定组合服务 cs_1、cs_2、cs_3 分别表示与白金卡用户、金卡用户和银卡用户关联的组合服务。假设每个抽象服务与三个具体服务相关联，则 M 的取值为 3 且它们分别为高性能（throughput/latency 值大，cost 值大）、低性能（throughput/latency 值小，cost 值小）、中等性能（throughput/latency 值中等，

cost 值中等）的具体服务。依据假设，三个等级组合服务的 QoS 属性计算如下：

$$Q_1(cs_1) = \prod_{j=1}^{N} {}_T\left(\sum_{k=1}^{M} x_{1jk}Q_1(s_{jk})\right) \tag{6.1}$$

$$Q_2(cs_1) = \prod_{j=1}^{N} {}_L\left(\sum_{k=1}^{M} x_{1jk}Q_2(s_{jk})\right) \tag{6.2}$$

$$Q_3(cs_1) = \prod_{j=1}^{N} {}_C\left(\sum_{k=1}^{M} x_{1jk}Q_3(s_{jk})\right) \tag{6.3}$$

$$Q_1(cs_2) = \prod_{j=1}^{N} {}_T\left(\sum_{k=1}^{M} x_{2jk}Q_1(s_{jk})\right) \tag{6.4}$$

$$Q_2(cs_2) = \prod_{j=1}^{N} {}_L\left(\sum_{k=1}^{M} x_{2jk}Q_2(s_{jk})\right) \tag{6.5}$$

$$Q_3(cs_2) = \prod_{j=1}^{N} {}_C\left(\sum_{k=1}^{M} x_{2jk}Q_3(s_{jk})\right) \tag{6.6}$$

$$Q_1(cs_3) = \prod_{j=1}^{N} {}_T\left(\sum_{k=1}^{M} x_{3jk}Q_1(s_{jk})\right) \tag{6.7}$$

$$Q_2(cs_3) = \prod_{j=1}^{N} {}_L\left(\sum_{k=1}^{M} x_{3jk}Q_2(s_{jk})\right) \tag{6.8}$$

$$Q_3(cs_3) = \prod_{j=1}^{N} {}_C\left(\sum_{k=1}^{M} x_{3jk}Q_3(s_{jk})\right) \tag{6.9}$$

SSC 问题的全局约束条件用向量 $\boldsymbol{C}=(C_1,\cdots,C_7)$ 表示，它代表的三类用户 SLA 等级约束的上界或下界。在该问题中，约束条件分别包含了对白金卡和金卡用户 throughput 和 latency 的最低约束，对银卡用户 throughput 和 cost 的最低约束，以及对三类用户所产生的总费用的最低约束，即：

$$Q_1(cs_1) \geqslant C_1 \tag{6.10}$$

$$Q_2(cs_1) \leqslant C_2 \tag{6.11}$$

$$Q_1(cs_2) \geqslant C_3 \tag{6.12}$$

$$Q_2(cs_2) \leqslant C_4 \tag{6.13}$$

$$Q_3(cs_3) \geqslant C_5 \tag{6.14}$$

$$Q_3(cs_3) \leqslant C_6 \tag{6.15}$$

$$Q_3(\boldsymbol{X}) \leqslant C_7 \tag{6.16}$$

作者为 SSC 问题设定的三个优化目标分别为：由三类用户所产生的总 throughput、latency、cost，它们具体的表达式如下：

$$Q_1(X) = Q_1(cs_1) + Q_1(cs_2) + Q_1(cs_3) \tag{6.17}$$

$$Q_2(X) = Q_2(cs_1) + Q_2(cs_2) + Q_2(cs_3) \tag{6.18}$$

$$Q_3(X) = Q_3(cs_1) + Q_3(cs_2) + Q_3(cs_3) \tag{6.19}$$

定义 6.3（SLA 等级感知的服务组合） 在 SSC 问题中，对于一个给定抽象流程和一个全局 QoS 约束 $C' = (c'_1, c'_2, \cdots, c'_m)$，$1 \leqslant m \leqslant r$，SLA 等级感知服务组合是指依据抽象流程和具体服务的属性，找到满足多 SLA 等级约束的多个服务组合构成的可行解，并且使整体的多个目标函数最优。

6.3 求解 SSC 问题的 HMDPSO 算法

为采用 HMDPSO 算法解决该问题，作者引入交叉算子并定义了粒子更新策略，以实现对解的空间进行全局搜索；设计了变异策略用于抑制算法的早熟收敛；并给出了该算法的描述。另外，为了加快获得满足约束条件的可行解，本章还设计了将局部搜索策略融入 HMDPSO 算法的 HMDPSO+算法。

6.3.1 粒子位置表示

依据 SSC 问题假设，HMDPSO 算法中的每个粒子位置代表问题的一个解 $X = (cs_1, \cdots, cs_L) = (x_{111}, \cdots, x_{1NM}, \cdots, x_{L11}, \cdots, x_{LNM})$，表示三个用户分类的组合服务，且每个抽象服务与三个具体服务相关联，所以 $L=3$，$M=3$。图 6.2 给出了一个粒子位置实例，它代表与图 6.1 中抽象流程结构相关的解，其中每个分量 x_{ijk} 表示相对应等级具体服务实例的数量，其中 $i \in [1, L]$，$j \in [1, N]$，$k \in [1, M]$。

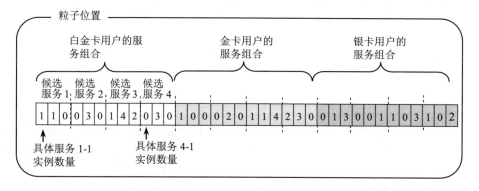

图 6.2 粒子位置表示

图 6.1 中抽象流程中包含 4 个抽象服务 N=4，因此粒子位置所表示的解 X 由 12×3=36 个分量组成。

6.3.2 粒子更新策略

粒子更新策略包括两部分：粒子速度更新和粒子位置更新，并在更新过程中引入交叉算子。粒子速度更新过程如图 6.3 所示，由三个粒子位置交叉得到，即粒子的当前速度、粒子的个体最优位置和粒子的全局最优位置。以抽象服务为单位，所有抽象服务的节点都可能成为交叉点。在所有交叉点中，随机选取两个交叉点将粒子分为三个部分，新的当前速度由从每个粒子位置随机挑选出一个不同的部分重新组成。粒子位置更新由粒子的当前位置和粒子的速度交叉来实现。

由粒子更新策略可以看出，每个粒子的行为和传统的粒子群算法一样，粒子的行为主要受其当前动量项、个体认知部分及群体认知部分的影响，它同样具有传统粒子群的收敛快等优点。更新策略具体公式如下：

$$V_i(k+1) = V_i(k) \otimes P_{i\text{best}} \otimes P_{g\text{best}} \tag{6.20}$$

$$P_i(k+1) = P_i(k) \otimes V(k+1) \tag{6.21}$$

其中，符号 $\otimes$ 表示交叉操作，式（6.20）和式（6.21）分别为速度更新公式和位置更新公式。

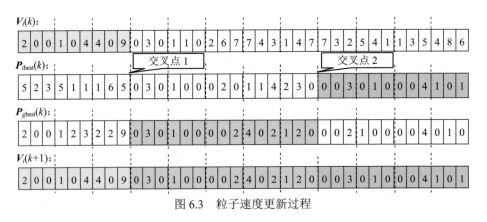

图 6.3 粒子速度更新过程

6.3.3 粒子变异策略

从粒子更新的过程可以看出，每个粒子追随其当前个体最优解及全局最优解运动。与传统的 PSO 算法一样，它具有收敛快速、计算简单等优点。但是粒子会迅速逼近个体最优和全局最优位置，即粒子个体最优解、全局最优解与其当前位置相同，易于陷入局部最优解。这主要是因为群体的能量不断减小，有用的指导信息不断丢失，使得粒子没有能力跳出局部最优位置[184]。为此，本章定义了衡量群体多样性的指标。

定义 6.4 群体多样性指标为群体中每个粒子的能量和，给定粒子 P_i，$i \in [0, N-1]$，其能量根据当前位置和当前速度计算如下：

$$\text{energy}(P_i) = \frac{\sum_{u=1}^{\dim} \sum_{v=u+1}^{\dim} \text{same}[P_i(u), V_i(u)]}{\dim(\dim-1)} \quad (6.22)$$

式中，$P_i(u)$、$V_i(u)$ 分别为 P_i 和 V_i 的第 u 个分量，并且

$$\text{same}[P_i(u), V_i(u)] = \begin{cases} 0, & P_i(u) = V_i(u) \\ 1, & P_i(u) \neq V_i(u) \end{cases} \quad (6.23)$$

群体多样性为粒子能量的和：

$$\text{DiversityCalculate} = \text{Div} = \sum_{i=1}^{N} \text{energy}(P_i) \quad (6.24)$$

可以看出群体的多样性指标在一定程度上可以反映当前群体所具有的全局搜索能力。在迭代过程中群体多样性不断减小，当群体多样性小于某个给定的阈值 α 时，对粒子的个体最优解执行变异操作，如下式所示：

$$P_{i\text{best}}(k+1) = \text{mutation}[P_{i\text{best}}(k+1)] \quad (6.25)$$

通过变异信息能够给群体重新引入新的信息，增加群体的多样性，指导粒子搜索那些未曾搜索过的区域，抑制算法的早熟收敛。

6.3.4 算法描述

HMDPSO 算法的优化过程如 Procedure HMDPSO 所示，算法采用随机的方式初始化粒子群 P^0 和全局最优位置粒子群 G_{best}^0，即 P^0 中粒子的当前位置 $P_i(0)$，速度 $V_i(0)$，个体最优位置 $P_{i\text{best}}(0)$ 以及 G_{best}^0 中粒子的当前位置。

每一次迭代，先计算粒子群 P^k 的多样性指标，然后对每个粒子进行更新操作，将 P^k 中更新得到的个体最优位置加入粒子群 Q^k，接着由 AssignFitnessValue() 计算 Q^k 和 G_{best}^k 中粒子的适应度值，并用前 λ 个粒子更新 G_{best}^k 得到 G_{best}^{k+1}，进入下一次迭代，直到完成 $k_{\max}$ 次迭代。

对于粒子 i 的更新操作包括三部分，第一，当群体多样性小于 α 时，对粒子 i 的个体最优解 $P_{i\text{best}}(k)$ 进行变异操作；第二，以二元锦标赛的方式从粒子群 G_{best} 中为粒子 i 选取全局最优解 $G_v(k)$，结合粒子的当前速度 $V_i(k)$ 和个体最优解 $P_{i\text{best}}(k)$，

按照粒子更新策略，产生新的当前位置 $P_i(k+1)$；第三，对 $P_i(k+1)$ 和 $P_{ibest}(k)$ 进行约束支配关系[188]比较，当 $P_{ibest}(k)$ 不支配 $P_i(k+1)$ 时，将 $P_{ibest}(k+1)$ 更新为 $P_i(k+1)$，然后将 $P_{ibest}(k+1)$ 加入粒子群 Q^k。

```
Procedure HMDPSO
k ←0
P⁰← randomly generated μ particles (Xᵢ(0),Pibest(0))
G⁰best ←randomly generated λ particles (Xᵢ(0)) as global best solution
AssignFitnessValue( G⁰best )

repeat until k=kmax {
    Qᵏ←φ
    div=CalculateDiversity(Pᵏ)
    for each particle i in Pᵏ{
        //mutation
        if(div<α)
        Pibest(k)←Mutation(Pibest(k))
        endif
            //gbest solution selection via binary tourname
        Gₐ(k),G_b(k)←RandomSelection(Gbestᵏ)
        G_v(k)← BTSelection(Gₐ(k),G_b(k))
        //particle in Pᵏ update
        Vᵢ(k+1)= Vᵢ(k) ⊗ Pibest(k) ⊗ G_v(k)
        Pᵢ(k+1)= Pᵢ(k) ⊗ Vᵢ(k+1)
            //update Pibest(k) by comparison with Pᵢ(k+1)
        Pibest(k+1)=Pᵢ(k+1) if Pibest(k+1) ⊀ Pᵢ(k+1)
        Add Pibest(k) to Qᵏ if Qᵏ does not contain Pibest(k)
    }
    AssignFitnessValue(Gbestᵏ∪Qᵏ)
    Gᵏ⁺¹best ← Top λ of  Gᵏ⁺¹best ∪Qᵏ
    k←k+1
}
```

在适应度值的计算函数中，每个粒子可以通过比较约束支配关系得到自己的支配等级，支配等级等于 1 表示当前粒子不受其他粒子的支配，支配等级越高表示该粒子受到的粒子支配越多。粒子群中每个粒子的支配度值由该粒子所在支配等级所有粒子数量，高于当前支配等级的所有粒子数量，以及当前粒子所支配的粒子数量之和得到，如图 6.4 所示。

适应度值的计算方式如 Procedure Fitness function 所示，对于每个可行的粒子，HMDPSO 算法将该粒子当前位置的支配值到最差粒子位置的距离和分散度的乘积设定为该粒子的适应度值。对于不可行粒子，HMDPSO 算法为将基于该粒子每个当前位置违反全局约束的情况和支配度值为它分配惩罚系数值：

$$U = \sum \frac{v^k}{\text{Domination value}} \times \exp\left(\frac{k}{2}\right) \tag{6.26}$$

式中，v^k 是粒子当前位置所代表解所违反第 k 个约束条件的情况（v^k 为规一化的结果以处理各个 QoS 属性不同数量级的情况），$k \in [1,7]$ 且 $k \in \mathbf{Z}$ 是代表约束条件的序号；$\exp\left(\frac{k}{2}\right)$ 为 v^k 的权重，当 $k \in [1,6]$ 且 $k \in \mathbf{Z}$ 时，第 k 个约束条件与等级 $\left[1 + \frac{k}{2}\right]$ 关联。

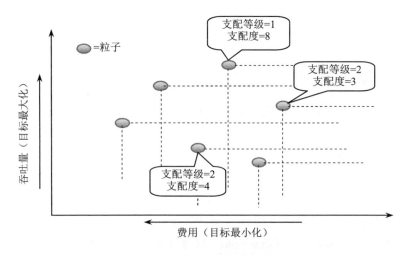

图 6.4　粒子支配等级的实例

由于粒子的支配度值由与 NSGA-II[188] 算法相同的方式得到，所以它的复杂度可以表示为 $O(mN^2)$，其中 m 为目标的个数，N 为粒子群的规模。到最差粒子位置的距离和分散度的复杂度都为 $O(mN)$，所以函数 Fitness function 的复杂度为 $O(mN^2)+2 \times O(mN) = O(mN^2)$。对于 HMDPSO 中粒子的更新操作，函数 Mutation、randomselection、BTselection 的复杂度均为常数，离散粒子更新过程和支配关系的判断也为常数，所以 HMDPSO 算法中粒子的更新过程复杂度为 $O(N)$。因此 HMDPSO 算法的复杂度为 $K_{\max}[O(mN^2)+O(N)] = O(mN^2 K_{\max})$。

由于 HMDPSO 算法的适应度函数与 E³-MOGA 算法相同，所以 E³-MOGA 算法的复杂度也为 $O(K_{\max}mN^2)$。当 NSGA-II 算法的迭代次数为 $K_{\max}$ 时，它复杂度仍然是 $O(K_{\max}mN^2)$，所以算法 HMDPSO、E³-MOGA、NSGA-II 的复杂度相同。

```
Procedure Fitness function in HDMPSO
AssignFitnessValue(P){
    DominationRanking(P)
    for each particle's current position pᵢ in P
```

```
{
    if pi is feasible
    // fitness function for a feasible individual
    f ← pi's domination value×
    pi's distance from the worst point ×
    pi's sparsity+1
        else
            // for an infeasible individual
            f ←1–U
            pi's fitness value ← f
    endif
}
}
```

6.3.5 局部搜索策略

为了加快获取满足问题约束条件的候选解，在 HMDPSO 算法中加入局部搜索策略。它是基于抽象服务的约束支配关系提出的，以抽象服务为单位局部改善粒子位置的约束满足状态，加快满足问题的约束条件。由于算法中非支配关系是整体考虑的，粒度太粗，无法保留受支配解中好的粒子位置的片段，为了提高优化的精度，本章提出了以候选服务为单位的约束支配关系，加快问题求解过程。

SSC 问题中每个候选服务的 QoS 属性为 throughput、latency 和 cost。由表 6.1 中属性聚合的特点可知，对于 throughput，只有每个候选服务的 throughput 满足约束条件时，组合服务的 throughput 才满足约束条件；对于 latency 和 cost，只有每个候选服务的 latency 和 cost 尽量小时，组合服务的 latency 和 cost 才更容易满足约束条件。

因此满足以下条件时，视为候选服务 i 支配候选服务 j。

（1）候选服务 i 的 throughput 满足对应的约束条件。

（2）候选服务 i 的 latency 小于候选服务 j 的 latency。

（3）候选服务 i 的 cost 小于候选服务 j 的 cost。

```
Procedure P_candidateS comparison
Input: particle i's individual best solution Pibest
  and the kth Global best solution Pgbest
Output : Pibest be updated
{
    for each candidate service j as Pibest(Candj) and Pgbest(Candj)in Pibest and Pgbest
    if (Pgbest(Candj) < Pibest(Candj))
    update Pibest(Candj) with Pgbest(Candj)
    endif
    end for
}
```

Procedure P_candidateS comparison 给出了以抽象服务约束支配为基础的局部搜索的过程，比较 P_{ibest} 和 P_{gbest} 中每个候选服务的支配关系，当 P_{gbest} 中候选服务支配 P_{ibest} 对应的候选服务时，即 $P_{gbest}(Cand_j) < P_{ibest}(Cand_j)$，则用 $P_{gbest}(Cand_j)$ 替换 $P_{ibest}(Cand_j)$。在 HMDPSO+算法中，将从粒子群 G_{best} 中随机选取全局最优解 $G_r(k)$，根据局部搜索策略，利用变异后的个体最优位置对全局最优位置进行更新。由于局部搜索策略的复杂度为常数，所以 HMDPSO+算法的复杂度仍然为 $O(mN^2K_{max})$。

6.4 实 验 评 价

为验证算法的有效性，本章将提出的算法在四个不同规模的测试用例上进行了测试，并讨论了参数群体规模 swarm_size 和群体多样性阈值 α 对 HMDPSO 算法的影响，最后将提出的算法 HMDPSO、HMDPSO+与已提出的算法 E3-MOGA[56]、NSGA-II[188]进行对比分析。实验过程中根据目标函数值的变化情况和 hyper-volume 指标[189]对各算法的求解质量进行评价。所有算法的编程语言和执行环境：C++；a Core(TM)2，2.00GHz，3GB RAM。

6.4.1 测试用例设计和终止条件

实验设计了三种不同的抽象流程结构，对应四个不同的测试用例，对于每个测试用例，将算法 HMDPSO+ 和 HMDPSO 运行得到的解集与算法 NSGA-II、E3-MOGA 运行得到的解集进行比较。

由于所有对比算法具有相同的复杂度，所以将适应度函数评价次数作为终止条件，将它设置为 level×length×10⁴，其中 level 为每个粒子位置所表示的组合服务的等级个数，length 为粒子包含的抽象服务的个数。

第一个流程包括四个抽象服务，与测试用例 1 相对应，结构如图 6.1 所示。并且每个抽象服务与三个 QoS 不同级别的具体服务相关联，所有具体服务的 QoS 属性变化及其分布概率分布情况由表 6.3 给出，表中前四个抽象服务关联的具体服务为测试用例 1 的实验数据。测试用例 1 的 SLA 等级约束条件如表 6.4 所示，分别为对白金卡和金卡用户 throughput 和 latency 的最低约束，对银卡用户 throughput 和 cost 的最低约束，以及对三类用户总 cost 的最低约束。根据测试用例 1 的抽象流程结构和目标函数向量 Q 公式得到测试用例 1 的目标函数，同样依据测试用例 1 的 SLA 等级约束和约束条件的公式，得到测试用例 1 的约束条件。依据终止条件设置，将测试用例 1 的适应度函数评价次数设置为 1.2×10⁵，所有结果都为 10 次独立运行的平均值。

表 6.3　具体服务的 QoS 属性

抽象服务	具体服务	QoS 属性及其分布			cost	抽象服务	具体服务	QoS 属性及其分布			cost
		prob/%	throughput	latency				prob/%	throughput	latency	
1	1	0.85	9000	60	90	4	2	0.90	6000	15	70
		0.05	10000	50				0.05	4000	20	
		0.05	6000	80				0.05	3000	20	
		0.05	0	0			3	0.85	1000	90	5
	2	0.80	5500	60	50			0.05	500	120	
		0.15	4000	100				0.05	100	150	
		0.05	0	0				0.05	0	0	
	3	0.30	2000	200	10	5	1	0.80	5500	18	76
		0.30	3000	180				0.10	2500	23	
		0.20	1500	250				0.10	1400	27	
		0.20	0	0			2	0.75	3800	25	44
2	1	0.70	2000	20	50			0.25	1500	35	
		0.30	2300	18			3	0.85	3100	30	30
	2	0.90	4000	15	100			0.10	1000	45	
		0.05	6000	13				0.05	900	60	
		0.05	3000	20		6	1	0.80	2000	15	67
	3	0.70	4000	25	70			0.15	1600	22	
		0.20	3000	23				0.05	100	25	
		0.05	2500	30			2	0.65	4600	35	45
		0.05	0	0				0.25	3800	45	
3	1	0.70	1500	30	30			0.10	2500	50	
		0.30	2000	20			3	0.85	3100	40	30
	2	0.80	3000	12	80			0.15	2900	55	
		0.10	5000	20		7	1	0.60	7800	35	80
		0.10	500	80				0.25	6500	65	
	3	0.50	1000	60	10			0.15	600	70	
		0.30	500	50			2	0.70	5600	55	51
		0.20	0	0				0.20	3900	65	
4	1	0.75	2500	50	20			0.10	300	70	
		0.20	3000	55			3	0.80	1900	140	10
		0.05	0	0				0.10	300	70	

表 6.4　测试用例 1 的全局 SLA 等级约束条件- I

用户分类	等级约束（上界/下界）			
	throughput（下界）	latency（上界）	cost（上界）	total cost（上界）
白金卡	12000	100	—	
金卡	6000	130	—	2000
银卡	2000	—	250	

　　第二个流程包括七个抽象服务，与测试用例 2 相对应，其结构如图 6.5 所示。该流程结构增加了抽象服务间选择结构，选择结构表示一个抽象服务执行结束后，与之相连的抽象服务只有一个被执行。测试用例 2 中每个抽象服务同样与三个不同 QoS 级别的具体服务相关联，其中具体服务的分布如表 6.3 所示，SLA 等级约束条件如表 6.5 所示。

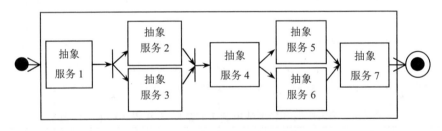

图 6.5　测试用例 2 的流程结构

表 6.5　测试用例 2 的全局 SLA 等级约束条件- I

用户分类	等级约束（上界/下界）			
	throughput（下界）	latency（上界）	cost（上界）	total cost（上界）
白金卡	12000	150	—	
金卡	6000	195	—	3000
银卡	2000	—	375	

　　根据测试用例 2 的抽象流程结构和目标函数向量 $\boldsymbol{Q}$ 公式得到测试用例 2 的目标函数，同样依据测试用例 2 的 SLA 等级约束和约束条件的公式，得到测试用例 2 的约束条件。依据终止条件设置，将测试用例 2 的适应度函数评价次数设置为 1.2×10^5，所有结果都为 10 次独立运行的平均值。

　　第三个流程为多个抽象服务的顺序流程结构，与测试用例 3 和测试用例 4 相对应，测试用例 3 的流程结构为 10 个顺序连接的抽象服务，测试用例 4 的流程结构为 15 个顺序连接的抽象服务。每个抽象服务与三个具体服务相关联，如表 6.6 所示，所有具体服务的属性值都是确定的，即 QoS 属性没有按概率分布，所有抽象服务都与这些具体服务相关联。

表 6.6　测试用例 3 和测试用例 4 的具体服务

具体服务	QoS 属性		
	throughput	latency	cost
1	10000	60	100
2	5500	100	50
3	2000	200	20

表 6.7 给出了测试用例 3 和测试用例 4 每个用户分类的 SLA 等级约束条件。分别根据测试用例 3、测试用例 4 的抽象流程结构和目标函数公式（6.17）～式（6.19）得到测试用例 3、测试用例 4 的目标函数向量 $\boldsymbol{Q}$，同样依据测试用例 3、测试用例 4 的 SLA 等级约束和约束条件的公式，分别得到测试用例 3、测试用例 4 的约束条件。依据终止条件设置，将测试用例 3 和测试用例 4 的适应度函数评价次数设置为 3.0×10^6 和 4.5×10^6，所有结果都为 10 次独立运行的平均值。

表 6.7　测试用例 3 和测试用例 4 的全局 SLA 等级约束条件- I

用户分类	等级约束(上界/下界)			
	throughput（下界）	latency（上界）	cost（上界）	total cost（上界）
白金卡	40000	$80M$	—	
金卡	20000	$120M$	—	$1000M$
银卡	15000	—	$200M$	

假设每个具体服务最多部署 10 个服务实例，则一个用户分类的组合服务的搜索空间复杂度为 $(10^3-1)^M$，其中 M 表示连续抽象服务的个数。那么，粒子所代表的三个用户分类为一个解的搜索空间复杂度为 $(10^3-1)^{3M}\approx1\times10^{9M}$，这一数字代表了所有可能的服务实例的组合。由此，测试用例 1 的流程结构所对应的搜索空间复杂度为 1×10^{36}，测试用例 3 的流程结构所对应的搜索空间复杂度为 1×10^{90}，测试用例 4 的流程结构所对应的搜索空间复杂度为 1×10^{135}。分析表明，即使抽象流程所涉及的抽象服务的数目不大，关联的具体服务数量不多，SSC 问题的搜索空间也很巨大。

另外，为了研究不同算法对等级优先情况的处理过程，重新设置了不同等级之间的约束条件，即全局 SLA 约束条件-Ⅱ，如表 6.8 所示。全局 SLA 约束条件-Ⅱ是比全局 SLA 约束条件-Ⅰ严格的约束条件，即提升约束条件的下界或者降低约束条件的上界。

表 6.8　全局 SLA 等级约束条件-Ⅱ

测试用例	用户分类	等级约束（上界/下界）			
		throughput（下界）	latency（上界）	cost（上界）	total cost（上界）
测试用例 1	白金卡	15000	70	—	2000
	金卡	8000	100	—	
	银卡	5000	—	200	
测试用例 2	白金卡	16500	150	—	2600
	金卡	10000	180	—	
	银卡	5000	—	300	
测试用例 3 测试用例 4	白金卡	50000	$65M$	—	1000
	金卡	21000	$100M$	—	
	银卡	15000	—	$200M$	

6.4.2　参数选取

本章所提的 HMDPSO 算法和 HMDPSO+算法，其主要的参数包括粒子群的群体规模 N_s 和群体多样性阈值 α。如果不考虑算法的复杂度，N_s 对算法效果的影响显著，当粒子群规模过大时，粒子群不易收敛，反而影响求解的效果，实验将群体规模的取值范围设置为 50～200 以 25 为增量的 7 个值。群体多样性阈值 α 是比群体规模更敏感的参数，将它的取值范围设置为从 0.10～0.40 以 0.05 为增量的 7 个值。

为了展示对参数的探索研究，分别在前面小节中设置的 4 个不同的数据集和 4 个不同的测试用例上对这些参数进行实验测试。由于不同测试用例所得解集的 hyper-volume 值的数量级别不同，将它按如下的公式转换为 r 值：

$$r_{ij}^k = \frac{H_{ij}^k}{10 \times G_{ij}[\max(H_{ij}^k)]} \tag{6.27}$$

式中，H_{ij}^k 为 HMDPSO 算法在测试用例 i 上第 j 个参数的取值为第个 k 值时所得解集的 hyper-volume 值，i 的取值为 1～4 中的一个整数，j 的取值为 1 或 2，k 为 1～7 中的一个整数。k 所对应的 7 个解集中最大的 hyper-volume 值由 $\max(H_{ij}^k)$ 表示，$G_{ij}[\max(H_{ij}^k)]$ 表示这个最大值的数量级别，如 0.005 的数量级别为 0.001。

在这个过程中，HMDPSO 算法对于每种参数设置，在每个测试用例上运行 10 次，得到的 hyper-volume 值经过式（6.27）转换，结果如图 6.6 所示。

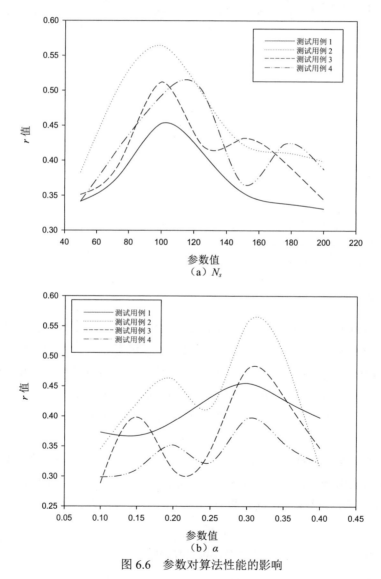

图 6.6　参数对算法性能的影响

先讨论 N_s 的影响，设定 α 的初始值为 0.25，从图 6.6（a）中可以看出，N_s=100时效果较好。设定 N_s 为 100，调整 α 的取值，得到图 6.6（b），从图中可以看出 α=0.35时效果较好，所以认为 N_s=100 和 α=0.35 是一种相对较好的设置。

6.4.3　与已提出的相关算法对比

对于 SSC 问题，HMDPSO 算法、HMDPSO+算法与已提出的 MOGA 算法、NSGA-II 算法在前文构造的四个不同抽象流程结构、不同规模的测试用例上进行对比。HMDPSO 算法和 HMDPSO+算法的参数设置以及终止条件设定与 6.4.1 节相同。实验将分三部分进行展示：第一部分展示所有对比算法对目标的优化程度和优化效果，以及解集的分布情况；第二部分展示所有算法在不同测试用例上所得解集 hyper-volume 值的对比；第三部分展示在等级优先条件下各算法所求解集违约程度的对比。

（1）目标的优化。

在这部分中，将对比算法在前文设定的所有测试用例上独立运行 20 次，每次运行得到包含问题的 100 个可行解解集，并且计算这些解集的 hyper-volume 值，将每个算法所得最大 hyper-volume 值对应的解集进行分析。解集中的每个解都与三个目标函数相关联，并且对每个目标值进行归一化处理，目标值越大则效果越好。与所有算法解集相关的三个目标的平均值、标准差的统计结果总结如表 6.9 所示。用双尾 t 检验验证所有对比算法解集的所有解的三个目标是否存在显著差异，t 检验的自由度为 99，显著性水平为 α=0.05。从表 6.9 中能看到 HMDPSO+算法的所有三个目标明显好于 HMDPSO 算法、MOGA 算法以及 NSGA-II 算法。HMDPSO+算法与 HMDPSO 算法、MOGA 算法、NSGA-II 算法之间 t-统计量的值由表 6.9 t-检验值列给出，t-统计量的值表明在 5%的显著性水平下，HMDPSO+算法所得解集三个目标的平均值与其他对比算法解集三个目标的平均值间存在明显差异。所以，在所有测试用例上由 HMDPSO+算法所产生的解的目标值明显好于 HMDPSO 算法、MOGA 算法、NSGA-II 算法所产生解的目标值，并且这个结论在图 6.7 中得到了进一步的验证。

根据不同的测试用例，将最大 hyper-volume 值的解集的所有解绘制到三维坐标系中，如图 6.7 所示。从图 6.7 中可以看出解集的效果和表 6.9 中的分析是一致的。以测试用例 1 为例，表 6.9 中 HMDPSO+算法解集的所有三个目标的平均值都好于 HMDPSO 算法、MOGA 算法和 NSGA-II 算法的解集的所有三个目标的平均值，相应地，图 6.7 中 HMDPSO+算法解集的所有解分布坐标系中坐标相对大于其他对比算法的区域。所有三个目标的标准差反映了解集分布的集中程度，由于来自 HMDPSO+算法解集的标准差较小，所以该解集的分布和其他算法比起来更为集中。所有三个目标的 t-检验值代表了显著差异的水平，t-检验值越大，差异也就越大。

表 6.9　不同算法关于解集中解目标值的性能对比

测试用例	项目	算法	cost	t-检验值	latency	t-检验值	throughput	t-检验值
测试用例 1	平均值（标准差）	NSGA-II	0.2220(0.2191)	12.48	0.3309(0.1661)	24.68	0.2261(0.1486)	13.105
		MOGA	0.3721(0.2312)	6.909	0.5953(0.2219)	9.286	0.3001(0.1651)	8.798
		HMDPSO	0.3122(0.2210)	9.367	0.5470(0.1938)	12.23	0.3301(0.1608)	7.685
		HMDPSO+	0.6046(0.2187)	—	0.8265(0.1128)	—	0.5137(0.1439)	—
测试用例 2	平均值（标准差）	NSGA-II	0.3748(0.2715)	7.517	0.2156(0.0855)	11.232	0.2004(0.1429)	14.631
		MOGA	0.4288(0.2691)	5.976	0.3161(0.1803)	7.134	0.2602(0.1591)	11.86
		HMDPSO	0.4676(0.2478)	5.084	0.3779(0.2215)	5.037	0.4194(0.2058)	5.254
		HMDPSO+	0.6329(0.2101)	—	0.5656(0.2996)	—	0.5762(0.2033)	—
测试用例 3	平均值（标准差）	NSGA-II	0.2852(0.2091)	9.130	0.3405(0.1724)	24.696	0.2374(0.1754)	9.822
		MOGA	0.3823(0.2327)	6.243	0.4533(0.0956)	27.835	0.3664(0.1707)	5.324
		HMDPSO	0.4178(0.1966)	5.604	0.5233(0.1821)	14.718	0.3383(0.1774)	6..237
		HMDPSO+	0.6113(0.2836)	—	0.8242(0.0927)	—	0.5156(0.222)	—
测试用例 4	平均值（标准差）	NSGA-II	0.3424(0.2526)	9.057	0.3424(0.1186)	42.87	0.2838(0.1445)	9.144
		MOGA	0.4248(0.2825)	6.264	0.4873(0.1174)	32.038	0.3416(0.1985)	6.462
		HMDPSO	0.4147(0.1860)	8.055	0.3908(0.1283)	36.58	0.4874(0.2290)	1.817
		HMDPSO+	0.6560(0.2290)	—	0.9013(0.0479)	—	0.5496(0.2470)	—

　　由表 6.9 可知，与 MOGA 算法和 NSGA-II 算法相比，HMDPSO+算法与 NSGA-II 算法所得解集在所有三个目标上差异最大；相应地，在图 6.7 中可以看出由 NSGA-II 算法获得的解集大致分布在离 HMDPSO+算法所得解集最远的区域。表 6.9 中 HMDPSO+/HMDPSO 算法所有三个目标间的 t-检验值与 HMDPSO+/MOGA 算法所有三个目标间的 t-检验值大小相近，所以来自 HMDPSO 算法的解集与来自 MOGA 算法的解集部分重叠，并且它们解集的分布与 HMDPSO+算法解集分布的距离大致相当。按照类似的分析，对于其他测试用例，HMDPSO+算法同样远远优于 HMDPSO 算法、MOGA 算法及 NSGA-II 算法，且这种优势越来越明显。

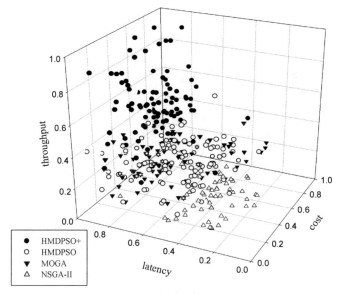

（a）测试用例 1

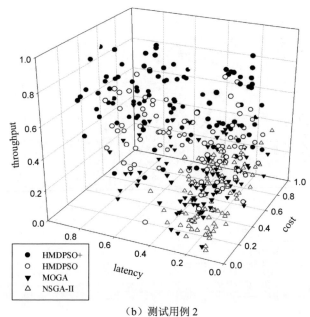

（b）测试用例 2

图 6.7（一）　目标空间中解集的分布

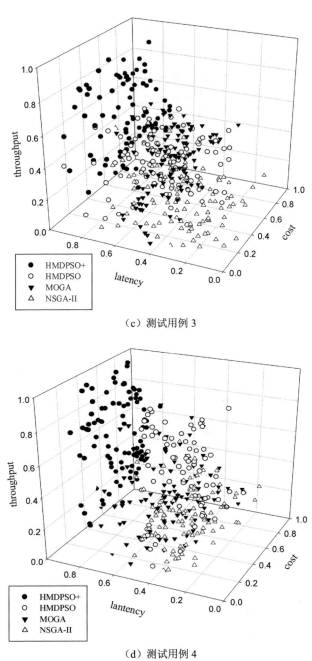

（c）测试用例 3

（d）测试用例 4

图 6.7（二） 目标空间中解集的分布

这些结果表明与 HMDPSO 算法、MOGA 算法、NSGA-II 算法相比，在不同的流程结构和不同规模的 SSC 问题中，HMDPSO+算法具有强大的搜索能力和稳定的收敛特征。

（2）hyper-volume 值的比较。

将所有算法在四个不同流程结构和不同规模的测试用例上运行 20 次，并保留每次运行得到的解集的最大 hyper-volume 值，并进行比较。表 6.10 给出了每个算法在所有测试用例上运行得到解集的 hyper-volume 值的最大值、最小值、平均值和变异系数(CV)。变异系数是一种相对变异的度量，等于标准差除以均值，即 $CV=\sigma/\mu$，其中 σ 和 μ 分别为 QoS 属性值的标准差和平均值。变异系数小则说明所有运行结果的 hyper-volume 值分布较为均匀，偏差较小；变异系数较大则说明 hyper-volume 值之间差别较大。从表 6.10 中能看出，对于每个测试用例，HMDPSO 算法所得解集的 hyper-volume 的最大值、最小值和平均值都比 MOGA 算法和 NSGA-II 算法的相应值大，同时 HMDPSO+算法求得解集的各 hyper-volume 值的统计值均大于 HMDPSO 算法的相应值，而且在所有测试用例中，HMDPSO+算法的变异系数最小。因此认为对于不同结构和规模的测试用例，HMDPSO 算法比 MOGA 算法和 NSGA-II 算法的优化效果明显；而与 HMDPSO 算法相比，HMDPSO+算法具有强的稳定性和更好的优化效果。

表 6.10　不同算法 hyper-volume 值对比[最大值/最小值/平均值(变异系数)]

算法	测试用例 1	测试用例 2
NSGA-II	0.12134/0.03124/0.08554 (0.30647)	0.18884/0.00329/0.08504(0.52292)
MOGA	0.2392/0.09813/0.16818(0.26302)	0.34518/0.08022/0.20868(0.42632)
HMDPSO	0.39121/0.21005/0.28248(0.14920)	0.40814/0.22588/ 0.31253(0.18645)
HMDPSO+	0.49362/0.29415/0.39474 (0.12102)	0.57412/0.38251/0.46592 (0.13765)
算法	测试用例 3	测试用例 4
NSGA-II	1.7816/0.13241/0.741601(0.65037)	0.91408/0.01245/0.3163(0.91166)
MOGA	2.89841/0.178023/1.5279(0.53576)	2.03127/0.21215/1.03266(0.55141)
HMDPSO	3.33161/1.21582/2.48222(0.42745)	3.14132/1.17618/2.0651(0.295435)
HMDPSO+	4.78321/2.27678/3.65611(0.25738)	4.98451/ 2.60531/3.75521(0.14593)

它们的稳定性和优化效果在图 6.8 中得到进一步的证明，图中明确显示了每个测试用例上所有算法的 hyper-volume 值分布图。另外，图 6.8 还显示了与 E3-MOGA 算法和 NSGA-II 算法相比，HMDPSO 算法在所有用例上 hyper-volume 值的显著优越性，同时 HMDPSO+算法进一步提升了 HMDPSO 算法的优化效果。这主要因为 HMDPSO 算法的粒子更新策略使粒子跟随个体最优和全局最优解运动，在全局范围内搜索；粒子变异策略为粒子群引入变异信息，增加群体多样性，

使得搜索不易陷入局部最优；与 MOGA 算法和 NSGA-II 算法相比，HMDPSO 算法中的适应度函数提高了区分个体适应度值的精度，防止 MOGA 算法和 NSGA-II 算法中效用相同但是存在差别的优良个体被淘汰。当这种个体为不可行解时，HMDPSO 算法可以加速可行解的查找；当这种个体为可行解时，HMDPSO 算法能提高解集的优化效果。与 HMDPSO 算法相比，HMDPSO+算法中的局部搜索策略通过提高每个候选服务的 QoS 属性特征来提升粒子位置所代表解的 QoS 属性，使得该算法能更快地找到问题的可行解，并且不断优化。

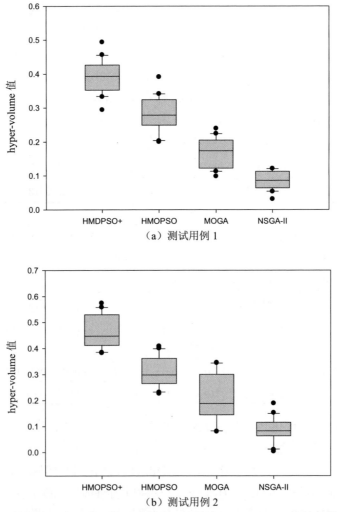

（a）测试用例 1

（b）测试用例 2

图 6.8（一） 不同测试用例中对比算法 hyper-volume 值结果统计

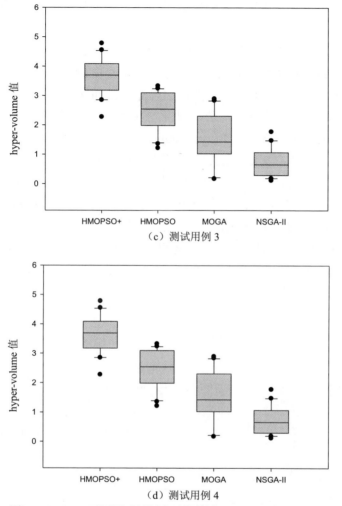

（c）测试用例 3

（d）测试用例 4

图 6.8（二）　不同测试用例中对比算法 hyper-volume 值结果统计

（3）等级优先效果的比较。

由于白金卡、金卡、银卡的优先级别不同，所以当算法所求的组合服务无法满足约束条件时，不同等级违反约束条件的代价也会不一样。假设违反白金卡、金卡、银卡的一项约束条件的代价分别为 100、50、20；违反三个等级相关的约束条件的代价为 20。则对于 SSC 问题的一个不可行解，其违反约束条件的总的代价函数由 punishment_cost 给出：

$$\text{punishment\_cost} = 100 \times N_1 + 50 \times N_2 + 20 \times N_3 + 20 \times N_0 \tag{6.28}$$

式中，N_1、N_2，N_3 分别为不可行解违反白金卡、金卡、银卡各等级约束条件的项数；N_0 为违反与三个等级相关的约束条件的项数。由式（6.28）的内容可知，

punishment_cost 值越小，则在等级优先条件下违反约束条件的程度越小。

为了测试各算法对不同等级之间优先情况的处理，本部分各算法将在 6.4.1 节所设置的四个不同结构和不同规模的测试用例上运行 20 次，参数设置和终止条件与前文相同，但约束条件设置为全局 SLA 等级约束条件-Ⅱ。对于各算法所求解集中的每个解，依据式（6.28）计算违约代价 punishment_cost，并且解集的违约代价为所有解违约代价的平均值。结果分为两个方面展示：第一个方面为 HMDPSO+算法随迭代次数的增加，punishment_cost 的变化情况，即基于等级优先的算法求解过程，所有算法每次运行得到最小解集 punishment_cost；第二个方面为所有算法运行 20 次得到的所有最小解集 punishment_cost 之间的比较。

图 6.9 中，HMDPSO+算法关于 punishment_cost 的收敛曲线为算法在四个不同的测试用例上所求的解集 punishment_cost 随迭代的变化情况。由于全局 SLA 等级约束条件-Ⅱ对每个测试用例的约束程度不尽相同，所以图中曲线的收敛到不同的 punishment_cost 值。但是由这些收敛值大于零的情况可以看出，所得解集不全为可行解。随着迭代的进行，HMDPSO+算法所求解集的 punishment_cost 值越来越小，即解集中的解在向可行解不断靠拢，直到找不到可行解。另外，图中的曲线存在波动，这主要是 HMDPSO+算法中关于不可行解的适应度函数与 punishment_cost 函数不一致引起的。

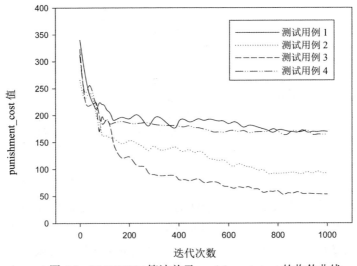

图 6.9　HMDPSO+算法关于 punishment_cost 的收敛曲线

对于不同算法在各个不同测试用例上 punishment_cost 值的比较，表 6.11 给出了所有算法在每个测试用例上运行 20 次所得 punishment_cost 值的各个统计量，即最大值、最小值、平均值和标准差。从表 6.11 中可以看出，HMDPSO+算法关于 punishment_cost 值的最大值、最小值和平均值都比其他对比算法的相应值小，则 HMDPSO+算法所求解集的解的违约程度最小；并且标准差也是所有算法中最小的。因此认为 HMDPSO+算法比其他对比算法的稳定性高，而且在等级优先条件下求解质量显著。并且这种稳定性或有效性在图 6.10 中进一步得到证明，图中明确显示了每个测试用例上所有算法的违约代价 punishment_cost 值统计，包括最大观察值、低四分位值、中位值、高四分位值和最大观察值。

表 6.11　不同算法 punishment_cost 值的对比[最大值/最小值/平均值(标准差)]

算法	测试用例 1	测试用例 2
NSGA-II	213.5/196.4/205.635(5.5679)	122.5/114.3/118.081(2.0218)
MOGA	198.8/187.8/192.251(3.5483)	109.8/104.4/107.685(1.5858)
HMDPSO	179.2/167.3/174.311(2.9112)	98.3/94.3/96.065(1.15224)
HMDPSO+	174.5/162.1/169.105 (2.6551)	95.6/90.5/92.5112 (1.2569)
算法	测试用例 3	测试用例 4
NSGA-II	88.5/81.6/84.133(1.9665)	217.2/210.3/214.165(1.9411)
MOGA	77.8/70.5/74.512(2.1731)	194.5/186.4/191.555(2.2005)
HMDPSO	63.8/55.2/60.965(2.6351)	179.5/171.2/175.52(3.8365)
HMDPSO+	58.6/53.5/55.275(1.8032)	174.4/ 167.6/169.84(1.6053)

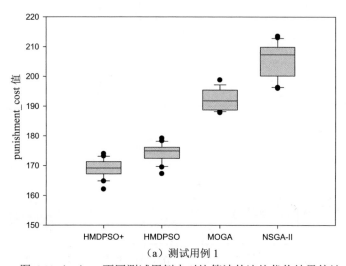

（a）测试用例 1

图 6.10（一）　不同测试用例中对比算法的违约代价结果统计

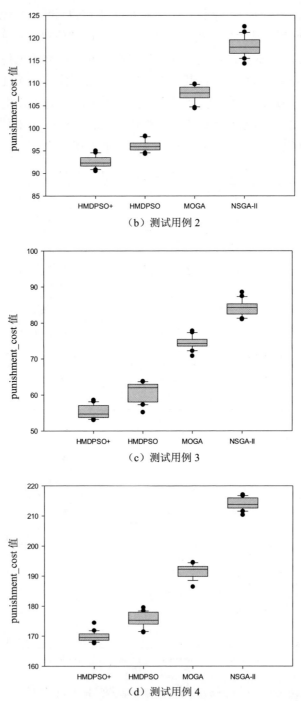

（b）测试用例 2

（c）测试用例 3

（d）测试用例 4

图 6.10（二） 不同测试用例中对比算法的违约代价结果统计

6.5 本 章 小 结

针对 SLA 等级感知服务组合问题，本章提出了 HMDPSO 算法，并设计了将局部搜索策略融入该算法的 HMDPSO+算法。在 HMDPSO 算法中定义了离散粒子更新策略，用于对问题空间进行全局搜索；提出了粒子变异策略，并在其中定义了群体多样性指标，当群体多样性低于阈值 α 时，通过对粒子个体最优位置进行变异，为群体引入新的信息，增加多样性，抑制算法的早熟收敛的情况；并且重新定义适应度函数中的支配度值的计算方法，一方面提高适应度函数区分粒子的精度，防止因为支配等级相同但是存在差别的优良粒子被淘汰，当该粒子代表不可行解时，HMDPSO 算法可以加速可行解的查找，当这个粒子代表可行解时，HMDPSO 算法能提高解集的优化效果；另一方面在重新定义的适应度函数中，融入了等级优先条件，使得粒子所代表的不可行解能尽可能地降低违约代价。在HMDPSO+算法中，融入了局部搜索策略，它利用候选服务约束支配关系从局部改善粒子位置对约束的满足程度，加快问题可行解的查找速度。最后，将这两个算法在不同规模的测试实例上进行测试，并且与已提出的 MOGA 算法、NSGA-II算法进行对比，结果表明 HMDPSO+算法在所求解集质量方面效果显著。

第 7 章　基于资源共享的 SLA 等级感知服务组合问题的多目标粒子群算法

为了使多个 SLA 等级的实例之间进行资源共享，本章建立了基于资源共享的多目标粒子群优化模型，提出了 SMOPSO 算法。在该算法中重新定义了，能够体现相同具体服务实例的共享关系粒子位置形式，设计了基于资源共享的组合粒子部署策略，提出了通过交叉的方式使资源共享方案横向运动粒子局部搜索策略，提出了抑制算法的早熟收敛的粒子变异策略。最后，将此算法在不同规模的实例上进行测试，并且与 HMDPSO+算法、HMDPSO 算法、MOGA 算法、NSGA-II 算法进行对比，结果表明 SMOPSO 算法在资源利用率和解集质量方面效果显著。

7.1　研　究　动　机

现有的服务选取算法大都是在候选服务资源独立的基础上实现的，但在现实中，有很多应用为了能够充分利用资源，多个实例之间需要共享服务，如何针对共享服务进行服务选取是本章关于 SLA 等级感知服务选取多目标优化的又一个研究问题。在第 6 章的问题模型中，实例之间的资源是独立的，即将具体服务视为不可再分的原子服务，具体服务的实例只能为某个等级组合服务所独立。这种资源独立的服务选取 HMDPSO+算法在全局 SLA 等级约束条件下，所求得的多等级组合服务的 QoS 属性远优于 SLA 等级的等级约束，虽然能提高组合服务的性能，但是也使得高于约束的资源处于闲置状态。而本章研究的问题将具体服务作为可以共享的资源进行服务选取，能合理利用闲置资源，同时在满足全局 SLA 等级约束的条件下使得目标最优。

基于资源共享的 SLA 等级感知服务选取问题的结构如图 7.1 所示，入口为三个服务等级用户统一的入口，经过入口开始进入白金卡、金卡和银卡三个等级各自的实例流程（组合服务）。各等级的实例流程中每个抽象服务对应一个候选服务，如图 7.1 所示，白金卡用户实例流程的抽象服务 I 对应候选服务 I-1，金卡用户对应候选服务 I-2，银卡用户对应候选服务 I-3。基于资源共享的 SSC 问题就是把来自不同等级实例流程的相同抽象服务所对应的候选服务进行统一部署，则图 7.1 中"抽象服务 I 相关的具体服务部署"为候选服务 I-1、候选服务 I-2、候选服务 I-3 的统一部署，并且实现资源的共享。

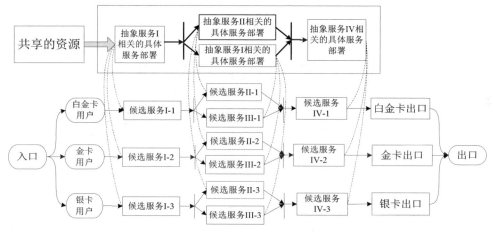

图 7.1　基于资源共享的 SSC 问题结构

按照图 7.1 中给出的资源共享的结构，以第 6 章的测试用例 1 为例进行求解，得到问题的一个解 X，即资源共享的分配方案，具体细节图 7.2 和表 7.1 所示，解 X 所对应组合服务的 QoS 属性值如表 7.2 所示；为了和解 X 进行对比，将 X 转化为资源独立的 SSC 问题的解 X' 如表 7.3 所示，并且计算其 QoS 属性值如表 7.4 所示。

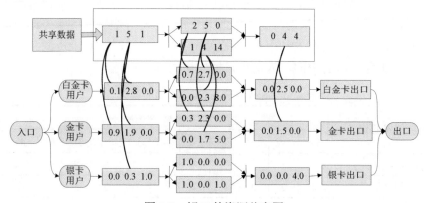

图 7.2　解 X 的资源共享图

表 7.1　解 **X** 相关的 SLA 等级之间的资源共享情况

组合服务等级	具体服务											
	1-1	1-2	1-3	2-1	2-2	2-3	3-1	3-2	3-3	4-1	4-2	4-3
白金卡组合服务	0.1	2.8	0.0	0.7	2.7	0.0	0.0	2.3	8.0	0.0	2.5	0.0
金卡组合服务	0.9	1.9	0.0	0.3	2.3	0.0	0.0	1.7	5.0	0.0	1.5	0.0
银卡组合服务	0.0	0.3	1.0	1.0	0.0	0.0	1.0	0.0	1.0	0.0	0.0	4.0
部署资源	1	5	1	2	5	0	1	4	14	0	4	4

表 7.2　解 **X** 所对应组合服务的 QoS 属性值

用户分类	三个 SLA 等级组合服务的 QoS 属性值			
	throughput	latency	cost	total cost
白金卡	12022	97.74	887.45	
金卡	6113	96.35	569.26	1590
银卡	2090	227.5	133.28	

由表 7.2 和表 7.4 中解 **X** 和 **X′** 的 QoS 属性，对比第 6 章中测试用例 1 的全局 SLA 等级约束条件-I 可知，解 **X** 和解 **X′** 都为满足约束条件的可行解，即这两个解关联的具体服务实例的部署都能够同时支持三个 SLA 等级的流程实例的运行。从表 7.2 和表 7.4 中可以看出，解 **X** 所关联的组合服务的 throughput 大于解 **X′** 所关联的服务合的 throughput 的 15%～50%，则解 **X′** 所关联的组合服务 throughput 多余约束的部分为空闲资源，并且这部分多余的空闲资源还会产生相应的费用，即表 7.4 中解 **X′** 所对应组合服务的费用也高于表 7.2 中解 **X** 所对应组合服务的费用。从表 7.1 和表 7.3 中可以看出为解 **X** 所部署的资源少于为解 **X′** 所部署的资源，即资源共享时可以部署较少的具体服务实例来运行组合服务，并且使其满足相应的 SLA 等级约束。因此认为，基于资源共享的 SLA 等级感知的服务选取能减少空闲资源，提高资源的有效利用率，并且降低成本；同时，基于资源共享的服务选取增大了服务选取的空间，为优化目标效果的提升创造了空间。

表 7.3　解 **X** 转化为 SSC 问题的解 **X′**

组合服务等级	具体服务											
	1-1	1-2	1-3	2-1	2-2	2-3	3-1	3-2	3-3	4-1	4-2	4-3
白金卡组合服务	0	3	0	1	3	0	0	3	8	0	3	0
金卡组合服务	1	2	0	1	3	0	0	2	5	0	2	0

续表

组合服务等级	具体服务											
	1-1	1-2	1-3	2-1	2-2	2-3	3-1	3-2	3-3	4-1	4-2	4-3
银卡组合服务	0	1	1	1	0	0	1	0	1	0	0	4
部署资源	1	6	1	3	6	0	1	5	14	0	5	4

表 7.4　解 X' 所对应组合服务的 QoS 属性值

用户分类	三个 SLA 等级组合服务的 QoS 属性值			
	throughput	latency	cost	total cost
白金卡	14050	99.11	1030	
金卡	9150	96.35	740	1940
银卡	2090	227.5	170	

7.2　问 题 建 模

基于资源共享的 SLA 等级感知服务组合问题同样是一个查找抽象服务和具体服务之间最优绑定的组合优化问题，是一个 NP 难问题。与第 5 章 SSC 问题模型类似，抽象服务流，抽象服务所对应的具体服务，以及实例流程之间有相同的对应和部署关系，并且同样是一个针对多个服务等级的多目标优化问题，需要找到同时满足多个服务等级的解，即由满足不同等级的多个组合服务构成的解。

定义 7.1（资源共享）　由于一个具体服务实例 s 上不能同时运行多个组合服务的实例，因此将单位时间内该具体服务实例 s 上运行的不同组合服务 $cs_1,\cdots,cs_v$ 称为多个组合服务 $cs_1,\cdots,cs_v$ 共享具体服务实例 s。对于共享具体服务实例 s 的组合服务 $cs_1,\cdots,cs_v$，它们在该具体服务上运行时间所占单位时间的比例，为其所占具体服务实例 s 的比例。

定义 7.2（资源共享的具体服务实例数量）　对于抽象流程中的一个抽象服务和与该抽象服务关联的一个具体服务 s，为了实现某个等级抽象服务的功能，所需基于资源共享部署的该具体服务实例 s 的数量称为资源共享的具体服务实例数量，用实数表示，由两个部分构成，即独立部署的部分用整数表示，以及与其他等级组合服务的共享部分，用小数表示。

定义 7.3（资源共享候选服务）　对于抽象流程中的一个抽象服务和与该抽象服务关联的多个具体服务，为了实现某个等级抽象服务的功能，由不同具体服务的资源共享的具体服务实例数量组成的部署方案称为该抽象服务的资源共享候选服务，该方案中可以允许多个具体服务绑定到一个抽象服务，但这个部署方案不能全为 0，等级 i 上的抽象服务 j 的候选服务表示为 $\boldsymbol{cands}_{ij}= (x_{ij1},\cdots,x_{ijM})$；其中分量为实数。

定义 7.4（资源共享的 SSC 组合服务） 对于抽象流程和与各抽象服务关联的多个具体服务，通过为每个抽象服务部署候选服务实例，当完成对所有抽象服务的资源共享的候选服务部署时，抽象服务流形成资源共享的实例流程，即资源共享的 SSC 组合服务；按照多 SLA 等级约束，形成的多个组合服务构成 SSC 问题的解。

根据定义 7.4，将基于资源共享 SSC 问题的解由三维向量 $\boldsymbol{X}$ 的表示，即 $\boldsymbol{X}=(cs_1,\cdots,cs_L)= (x_{111},\cdots,x_{1NM},\cdots,x_{L11},\cdots,x_{LNM})$，其中 x_{ijk} 代表组合服务 cs_i 中，部署具体服务 s_{jk} 实例的数量且 x_{ijk} 为大于 0 的实数，$i\in[1,L]$ 且 $i\in Z$，$j\in[1,N]$ 且 $j\in Z$，$k\in[1,M]$ 且 $k\in Z$；L 表示问题等级数量；N 表示流程结构所对应的抽象服务个数；M 表示与每个抽象服务关联的具体服务的个数，并且 $\boldsymbol{X}$ 中的每个分量由关于其所对应的具体服务实例所独立的数量和其所共享比例两部分共同构成。

属性 throughput、latency、cost 分别用 Q_1、Q_2、Q_3 表示。通过组合服务的抽象流程结构以及 QoS 属性聚合函数，计算它们端到端的 QoS 属性。对于组合服务 cs 关于具体服务实例共享 s 的部分[设为 $P(cs)_s$]，将其所占 s 的比例视为其部署具体服务的数量，并且依据这个比例重新计算共享部分的 QoS 属性，计算办法如表 7.5 所示。将组合服务所共享具体服务实例 s 的部分视为一个独立的候选服务实例，与候选服务中其他具体服务的实例构成一组冗余并行的具体服务实例，按照第 6 章的表 6.1 中的 QoS 聚合函数计算候选服务的 QoS 属性。假设候选服务以相同的概率运行冗余并行中的所有服务实例，则依据表 6.1 的计算方式，候选服务的 throughput 为冗余并行各具体服务 throughput 的和，候选服务的 latency 为冗余并行具体服务实例 latency 的平均值，候选服务的 cost 为冗余并行各具体服务实例 cost 的和。对于抽象服务间的连接关系，参照第 6 章中表 6.2 关于不同抽象流程结构 QoS 属性聚合的函数，$\prod_T$、$\prod_L$、$\prod_C$ 分别表示不同抽象流程结构 QoS 属性 throughput、latency、cost 的聚合函数。

表 7.5 具体服务实例 s 共享部分的 QoS 属性

QoS 属性	throughput	latency	cost
共享占比 $P(cs)_s$	$P(cs)_s\times Q_1(s)$	$Q_2(s)$	$P(cs)_s\times Q_3(s)$

假设问题考虑三类用户：白金卡用户、金卡用户和银卡用户，则等级数量为

3，即 $L=3$；并且指定组合服务 cs_1、cs_2、cs_3 分别表示与白金卡用户、金卡用户和银卡用户关联的组合服务。假设每个抽象服务与三个具体服务相关联，则 M 的取值为 3，且它们分别为高性能（throughput/latency 值大，cost 值大）、低性能（throughput/latency 值小，cost 值小），以及中等性能（throughput/latency 值中等，cost 值中等）的具体服务。依据假设，三个等级组合服务的 QoS 属性计算如下：

$$Q_1(cs_1) = \prod_{j=1}^{N} {}_T \left(\sum_{k=1}^{M} x_{1jk} Q_1(s_{jk}) \right) \tag{7.1}$$

$$Q_2(cs_1) = \prod_{j=1}^{N} {}_L \left(\sum_{k=1}^{M} x_{1jk} Q_2(s_{jk}) \right) \tag{7.2}$$

$$Q_3(cs_1) = \prod_{j=1}^{N} {}_C \left(\sum_{k=1}^{M} x_{1jk} Q_3(s_{jk}) \right) \tag{7.3}$$

$$Q_1(cs_2) = \prod_{j=1}^{N} {}_T \left(\sum_{k=1}^{M} x_{2jk} Q_1(s_{jk}) \right) \tag{7.4}$$

$$Q_2(cs_2) = \prod_{j=1}^{N} {}_L \left(\sum_{k=1}^{M} x_{2jk} Q_2(s_{jk}) \right) \tag{7.5}$$

$$Q_3(cs_2) = \prod_{j=1}^{N} {}_C \left(\sum_{k=1}^{M} x_{2jk} Q_3(s_{jk}) \right) \tag{7.6}$$

$$Q_1(cs_3) = \prod_{j=1}^{N} {}_T \left(\sum_{k=1}^{M} x_{3jk} Q_1(s_{jk}) \right) \tag{7.7}$$

$$Q_2(cs_3) = \prod_{j=1}^{N} {}_L \left(\sum_{k=1}^{M} x_{3jk} Q_2(s_{jk}) \right) \tag{7.8}$$

$$Q_3(cs_3) = \prod_{j=1}^{N} {}_C \left(\sum_{k=1}^{M} x_{3jk} Q_3(s_{jk}) \right) \tag{7.9}$$

资源共享 SSC 问题的全局约束条件用向量 $C=(C_1,\cdots,C_7)$ 表示，它代表三类用户 SLA 等级约束的上界或下界。在该问题中，约束条件分别包含了对白金卡和金卡用户 throughput 和 latency 的最低约束，对银卡用户 throughput 和 cost 的最低约束，以及对三类用户所产生的总费用的最低约束，即

$$Q_1(cs_1) \geqslant C_1 \tag{7.10}$$

$$Q_2(cs_1) \leqslant C_2 \tag{7.11}$$

$$Q_1(cs_2) \geqslant C_3 \qquad (7.12)$$

$$Q_2(cs_2) \leqslant C_4 \qquad (7.13)$$

$$Q_3(cs_3) \geqslant C_5 \qquad (7.14)$$

$$Q_3(cs_3) \leqslant C_6 \qquad (7.15)$$

$$Q_3(X) \leqslant C_7 \qquad (7.16)$$

作者为基于资源共享的 SSC 问题设定的优化目标向量 Q 为三类用户等价组合服务的 throughput、latency、cost，它们具体的表达式如下：

$$Q = [Q_1(X), Q_2(X), Q_3(X)] \qquad (7.17)$$

定义 7.5（基于资源共享的 SLA 等级感知的服务选取） 在资源共享 SSC 问题中，对于一个给定抽象流程和一个全局 SLA 等级约束 $C' = (c'_1, c'_2, \cdots, c'_m)$，$1 \leqslant m \leqslant r$，基于资源共享的 SLA 等级感知服务组合是指依据抽象流程和具体服务的属性，找到由满足多 SLA 等级约束的多个资源共享的 SSC 组合服务构成的可行解，并且使整体的多个目标函数最优。

7.3 SMOPSO 算法

为采用 SMOPSO 算法解决该问题，作者在算法中重新定义了粒子位置形式，设计了粒子部署策略，以实现对资源的共享；沿用粒子更新策略，并且提出了粒子局部搜索策略，用于对问题空间进行全局和深入地搜索；设计了变异策略用于抑制算法的早熟收敛；并给出了该算法的描述。

7.3.1 粒子位置表示

依据 SSC 问题假设，SMOPSO 算法中每个粒子位置代表问题的一个解 $X = (cs_1, \cdots, cs_L) = (x_{111}, \cdots, x_{1NM}, \cdots, x_{L11}, \cdots, x_{LNM})$，表示三个用户分类的组合服务，且每个抽象服务与三个具体服务相关联，所以 $L=3$，$M=3$。图 7.3 给出了一个粒子位置表示实例，它代表与第 6 章中图 6.1 中抽象流程结构相关的解，其中每个分量 x_{ijk} 对应表格中的每一个数，表示相对应等级具体服务实例的数量，其中 $i \in [1, L]$，$j \in [1, N]$，$k \in [1, M]$，i、j、k 分别表示对应的 SLA 等级、抽象服务编号和具体服务的编号，并且 $L=3$、$M=3$、$N=4$，由于流程结构中包含四个抽象服务，因此粒子位置所表示的解 X 由 $12 \times 3 = 36$ 个分量组成。

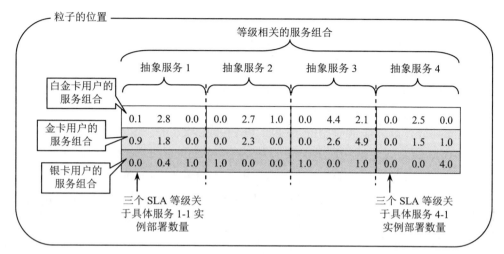

图 7.3　粒子位置表示实例

另外，每层分别代表一类与用户等级相关的组合服务，每一列表示三个不同 SLA 等级组合服务关于一个具体服务的不同部署情况，将它进行如下定义。

定义 7.6（资源共享方案）　对于基于资源共享的 SSC 问题的一个解，将不同等级组合服务中相同具体服务实例数量组成的向量 $(x_{1jk}, \cdots, x_{Ljk})$ 定义为关于具体服务 s_{jk} 实例的资源共享方案，将 $x_{1jk} + \cdots + x_{Ljk} = x_{jk}$ 定义为共享资源 s_{jk} 部署量。

7.3.2　粒子部署策略

由定义 7.6 和图 7.3 中粒子位置可知，问题解的分量既有可能是小数也有可能是整数。然而，具体服务的部署只能是具体服务实例的整数个，所以需要对三个等级所共享的具体服务实例部署方案进行整数调整。另外，依据候选服务的定义，也需要对粒子的位置中的候选服务进行调整。

粒子的部署策略分为三部分，第一部分为候选服务调整，使候选服务不为 0；第二部分为具体服务共享范围的设置，去掉无效的共享区域；第三部分为资源共享方案的调整，通过调整解 X 关联的各等级组合服务中具体服务实例部署情况，使得解 X 的各共享资源部署量为整数，即共享资源 s_{jk} 的部署量对应 $x_{jk}=x_{1jk}+x_{2jk}+x_{3jk}$ 为整数。

第一部分，将粒子位置中候选服务对应的分量相加，当其为 0 时，对其中的某个分量进行重新设置。

第二部分，如 Procedure X-Integration 所示，用参数 S_threshold 控制具体服

务实例 s 的共享范围,当粒子位置分量与其向下取整的值相差小于 S_threshold 时,将该分量设置为其向下取整的值, 即去掉共享部分。由于当共享部分小于 S_threshold 时, throughput/latency 的比例变为小于 S_threshold×$Q_1(s)$/$Q_2(s)$的数,而 S_threshold 通常小于 0.05,则 throughput/latency 比例大幅减小,于是共享 s 部分的性能极差,影响粒子所代表解的 QoS 属性,所以将 S_threshold 以外的共享范围排除在算法之外,以提高算法的性能。

第三部分,具体服务调整的步骤如 Procedure X-Integration 所示,其中 T_x_j 为去掉 x_{1jk}、x_{2jk}、x_{3jk} 中整数的和;x_{vjk} 为最后一个加入的非整数;P_x_{jk}=T_x_{jk}+x_{vjk};down_x_{jk}=$\lfloor T\_x_{jk} \rfloor$−P_x_{jk};up_x_{jk}=$\lceil T\_x_{jk} \rceil$−P_x_{jk}。如果 T_x_{jk} 不为整数,则共享资源 s_{jk} 的部署量不为整数,需要对资源共享方案(x_{1jk},⋯,x_{Ljk})进行调整;当 down_x_{jk} 大于零且$\lfloor$down_$x_{jk}\rfloor$=$\lfloor x_{vjk}\rfloor$时,将 x_{vjk} 设置为 down_x_{jk},否则设置为 up_x_{jk}。

```
Procedure X-Integration
输入:粒子位置 X
输出:共享资源分量为整数的粒子位置 X′
Initial T_xjk, P_xjk, up_xjk, down_xjk are non-integer variables,
   Tup_xjk ,Tdown_xjk are integer variables
for each concrete service k associated with each abstract service j
   for each SLA level i
       if xijk-⌊xijk⌋< S_threshold
           xijk=⌊xijk⌋
else
           P_xjk= T_xjk;
           T_xjk= T_xjk + xijk; v=i;
       end if
   endfor.
   if T_xjk>0
Tup_xjk=⌈T_xjk⌉;     // Tup_xjk>= T_xjk
up_xjk= Tup_xjk - P_xjk;
Tdown_xjk=⌊T_xjk⌋; // Tdown_xjk <= T_xjk
down_xjk= Tdown_xjk- P_xjk;
       if⌊xvjk⌋==⌊down_xjk⌋&& down_xjk>0
           xvjk= down_xjk;
       else xvjk= up_xjk;
endif
endif
endfor
```

7.3.3 粒子更新策略

采用传统 PSO 算法中粒子更新方式对 SMOPSO 算法中的粒子进行更新，粒子的行为主要受其当前动量项、个体认知部分及群体认知部分的影响。更新策略包括两部分：粒子当前位置更新和个体最优位置更新。粒子当前位置更新包括粒子速度更新和粒子位置更新，如下所示：

$$V_i(t+1) = \omega_k V_i(t) + c_1 \times r \times [X_{\text{best}}(t) - X_i(t)] + c_2 \times r \times [Xg_{\text{best}}(t) - X_i(t)] \quad (7.18)$$

$$X_i(t+1) = X_i(t) + V(t+1) \quad (7.19)$$

粒子当前位置更新方式与传统 PSO 算法的粒子当前位置更新方式不一样的是，SMOPSO 算法中粒子位置代表组合服务所需具体服务的数量，所以 SMOPSO 算法中粒子的位置向量中不能包含为负数的分量，且部署的数量在一定范围内。

Procedure X Non-positive
输入：粒子位置 $X_i(t)$
输出：分量非负并且在一定范围内的粒子位置 $X'_i(t)$
Initial：T is the threshold value for every particle component
for each concrete service k of each abstract service j
in each SLA level i for particle position $X_i(t)$
    $x_{ijk}(t) = \text{fmod}(x_{ijk}(t), T)$;
    if $x_{ijk}(t) < 0$
    $x_{ijk}(t) = x_{ijk}(t) + T$;
endif
endfor.

在传统的多目标 PSO 算法中，通常将粒子当前位置和个体最优位置进行非支配关系的比较，当存在支配关系时，将粒子个体最优位置更新为性能较优的位置；当不存在支配关系时，则将个体最优位置随机更新为当前位置或者保持不变。但是这两种方式都没法同时保留两个位置的优点，在 SMOPSO 算法中，利用粒子当前位置按照第 6 章的局部搜索策略对粒子个体最优位置进行更新。这种粒子个体最优位置更新方式利用局部搜索策略比较两个位置包含的候选服务，将粒子当前位置中 QoS 属性优良的候选服务替换给个体最优位置，则这样更新得到的粒子个体最优位置综合了两个位置的优良属性。

7.3.4 粒子局部搜索策略

粒子局部搜索策略主要采用粒子位置分量的交叉来实现。依据粒子位置的表示可知，在 SMOPSO 算法中，每个粒子位置的分量可以为非整数，而资源向量是整数向量。如果按照 GA 算法中交叉算子的办法进行交叉，交叉后所得粒子位置将会使得资源向量为非整数向量，需按照粒子部署策略对粒子位置进行调整后，再进行之后的操作，而粒子部署策略的重复操作不但会增加时间成本，而且会降低局部搜索的精确度。

为了节省局部搜索的时间成本和不改变它的精确度，将按照图 7.4 的方式进行局部搜索。SMOPSO 算法中的粒子交叉策略主要基于粒子的共享资源 $\overline{X}$ 中每个具体服务实例部署的情况进行交叉；相应的交换粒子 X 中，一个具体服务对应多个 SLA 等级分量，交叉的具体方式如图 7.4 所示。

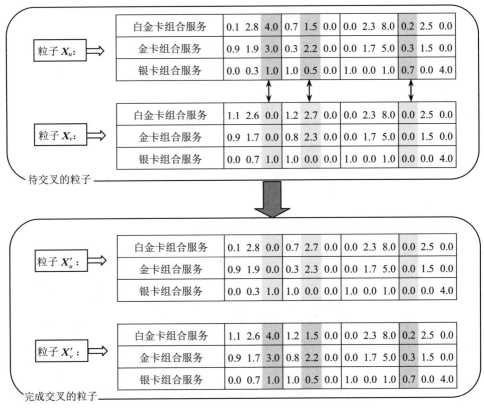

图 7.4　粒子交叉

Procedure Crossover 描述了两个粒子间交叉策略，其中 crossover_possibility 为交叉元素之间的交叉概率，Pcrossover 为交叉概率的阈值，当交叉元素之间的交叉概率小于阈值时，则进行交叉。按照具体服务的编号顺序，为每个具体服务生成一个随机交叉概率 crossover_possibility，当它小于交叉概率阈值 Pcrossover 时，按照具体服务的编号和以上的交叉方式交换相应的粒子位置中的分量。

Procedure Crossover

输入：粒子位置 X_u、X_v
输出：经过交叉操作的粒子位置 X_u'、X_v'
Initial：crossover_possibility，Pcrossover
for each concrete service k in each abstract service j
if crossover_possibility < Pcrossover
 for each SLA level i
  exchange the component value between $x_{ijk}(u)$, $x_{ijk}(v)$
 endfor
 endif
endfor

7.3.5　粒子变异策略

为了抑制群体的早熟收敛，陷入局部最优，对粒子群体设置多样性指标。多样性的设置以解集对解空间的覆盖程度为基础，并且设置状态矩阵用于描述解集对解空间的覆盖状态。用 Swarm_size 表示粒子群体的规模，用 P_length=$L \times M \times N$ 表示粒子位置的长度，并且假设粒子位置每个分量的取值范围为[0,T]，根据假设，状态矩阵 ***Status*** 定义如下。

定义 7.7（状态矩阵）　状态矩阵描述解集对解空间的覆盖状况，用一个二维布尔矩阵 ***Status*** $= (s_{11}, \cdots, s_{1T}, \cdots, s_{j1}, \cdots, s_{jT}, \cdots, s_{\text{P\_length},T})$ 表示，其中 T 表示粒子位置分量的最大取值，P_length 表示位置分量的长度。初始是状态矩阵为零矩阵，即 ***Status*** $= 0$。对解集中的第 i 个解 X_i 进行状态分析，如果解 X_i 的第 j 个位置分量值的取整为 v，即 $\lfloor X_{ij} \rfloor = v$，由假设可知 $0 \leqslant v \leqslant T$ 且 $v \in \mathbf{Z}$，则令 $s_{jv}=1$ 表示解集中存在解的第 j 个分量分布于区间$(v-1,v)$，也认为存在解的第 j 个分量覆盖此区间。通过分析解集中的所有解的所有分量，可以得到状态矩阵，其中 $s_{jv}=0$ 表示解集中不存在解的第 j 个分量覆盖区间$(v-1,v)$；由 $s_{jv}=1$ 表示解集存在解的第 j 个分量覆盖区域$(v-1,v)$。

定义 7.8（多样性指标）　群体多样性指标为解集状态矩阵中解集覆盖区域占取值空间的比例，即

$$Diversity(S) = \frac{\sum\limits_{j=0}^{\text{P\_length}} \sum\limits_{v=0}^{T} s_{jv}}{\text{P\_length} \times T} \tag{7.20}$$

可以看出群体的多样性指标在一定程度上可以反映出当前群体所具有的全局搜索能力。在迭代过程中群体多样性不断减小，当群体多样性小于某个给定的阈值 α 时，对粒子的个体最优解执行变异操作，如下式所示：

$$P_{ibest}(t+1) = mutation[P_{ibest}(t+1)] \qquad (7.21)$$

通过变异信息能够给群体重新引入新的信息，增加群体的多样性，指导粒子搜索那些未曾搜索过的区域，抑制算法的早熟收敛。

7.3.6 算法描述

SMOPSO 算法的优化过程如 Procedure SMOPSO 所示，算法采用随机的方式初始化粒子群 P^0 和全局最优位置粒子群 G_{best}^0，即 P^0 中粒子的当前位置 $P_i(0)$、速度 $V_i(0)$，个体最优位置 $X_{best}(0)$ 以及 G_{best}^0 中粒子的当前位置。

```
Procedure SMOPSO
t ←0
P⁰ ← randomly generated μ particles (Xᵢ(0),Xbest(0))
G⁰best ←randomly generated λ particles (Xᵢ(0)) as global best solution
AssignFitnessValues (G⁰best)

repeat until t=tmax {
Qᵗ←φ
for each particle i in Pᵗ
  //gbest solution selection via binary tourname
Gₐ(t),G_b(t) ← RandomSelection(Gbestᵗ)
Xgbest(t) ← BTSelection(Gₐ(t),G_b(t))
//particle in Pᵏ update
Vᵢ(t+1)= ω*Vᵢ(t)+c₁*r*( Xbest(t) - Xᵢ(t))+ c₂*r* (Xgbest(t) - Xᵢ(t))
Xᵢ(t+1)= Xᵢ(t)+Vᵢ(t+1)
Xᵢ(t+1) ← Procedure X Non-positive (Xᵢ(t+1))
Xᵢ(t+1) ← X intergration(Xᵢ(t+1))
//update Xbest(t) by P_abstract comparison in section 4.3.5
Xbest(t+1) ← P_abstract comparison (Xᵢ(t+1), Xbest(t))
Xbest(t+1) ← P_abstract comparison (Xgbest(t), Xbest(t))
Xbest(t+1) ← X intergration(Xbest(t+1))
add Xbest(t+1)to Qᵗ if Qᵗ does not contain Xbest(t+1)
endfor

//local search is conducted on set of particles individual best positions
repeat until v=μ/2{
qₐ(t),q_b(t)←RandomSelection(Qᵗ)
if a!=b
crossover(qₐ(t),q_b(t));
endif
v++
}
```

```
    for each particle i in Qᵗ
  add X_best(t+1)to Qᵗ if Qᵗ does not contain X_best(t+1)
    endfor

// Qᵗ 's diversity computation and promotion
if Diversity(Qᵗ) < α
    for each particle i in Qᵗ
P_ibest(t+1)=mutation(P_ibest(t+1))
endfor
endif
AssignFitnessValues(Gbestᵗ∪Qᵗ)
G_best^{t+1} ← Top λ of Gbestᵗ∪Qᵗ
t←t+1
}
```

每一次迭代，对于 P^t 中的每一个粒子，以 binary tournament 的方式从粒子群 G_{best} 中为 P^t 中的粒子 i 选取全局最优解 $Xg_{best}(t)$，结合粒子的当前速度 $V_i(t)$ 和个体最优解 $X_{best}(t)$；按照粒子更新策略产生新的当前位置，并且对该粒子当前位置进行非负和具体服务调整，得到适合问题的解 $X_i(t+1)$；利用当前位置按照 6.3.5 局部搜索策略的 P_abstract comparison 比较方式，将个体最优位置更新为 $X_{best}(t+1)$，并将其加入粒子群 Q^t。对 Q^t 中的粒子进行交叉，将 P^t 中所有粒子个体最优位置 $X_{best}(t+1)$ 重新加入 Q^t，计算 Q^t 的群体多样性。当 $Diversity(Q^t)$ 小于 α 时，对 Q^t 中的解进行变异，接着由 AssignFitnessValue() 计算 $Q^tUG_{best}^t$ 中粒子的适应度值，并用前 λ 个粒子更新 G_{best}^t 得到 G_{best}^{t+1}，进入下一次迭代，直到完成 t_{max} 次迭代。

7.4 实 验 评 价

为验证算法的有效性，本章将 SMOPSO 算法在第 6 章所设置的四个不同规模的测试用例上进行了测试，并讨论了参数群体规模 N_s 和多样性阈值 α 对 SMOPSO 算法的影响，以及 SMOPSO 算法的收敛性，最后将 SMOPSO 算法与第 4 章中关于资源独立 SSC 问题的 HMDPSO 算法、HMDPSO+算法、MOGA 算法[56]及 NSGA-II 算法[188]进行了对比分析。实验所有测试用例的流程结构、终止条件和约束条件都与第 6 章中的所有设置一致。实验过程中根据目标函数值的变化情况和 hyper-volume 指标[188]对各算法的求解质量进行评价。所有算法的编程语言和执行环境：C++；a Core(TM)2，2.00GHz，3GB RAM。

7.4.1 参数选取与收敛性分析

SMOPSO 算法主要的参数包括粒子群的群体规模 N_s 和多样性阈值 α。和第 6 章一样对群体规模的取值范围设定为 50～200 以 25 为增量的 7 个值，多样性阈值 α 的取值范围设置为 0.10～0.40 以 0.05 为增量的 7 个值。对于 SMOPSO 算法的每种不同参数设置，将算法在每个测试用例上运行 20 次；为了在相同的数量级对结果进行比较，所得 20 个 hyper-volume 值的平均值按照式（6.27）转换为 r 值，实验结果如图 7.5 所示。

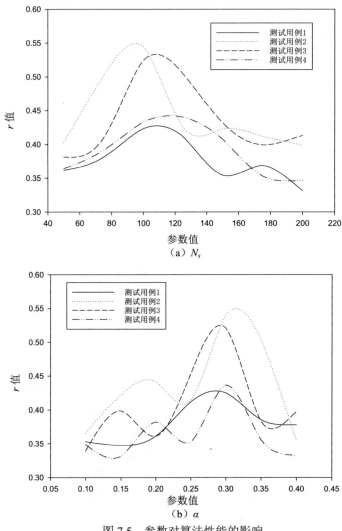

图 7.5 参数对算法性能的影响

先讨论 N_s 的影响，设定 α 的初始值为 0.35，从图 7.5（a）中可以看出，N_s=100 时效果较好。设定 N_s 为 100，调整 α 的取值，得到图 7.5（b），从中可以看出 α=0.30 时，效果较好，所以认为 N_s=100 和 α=0.30 为一种相对较好的设置。

SMOPSO 算法的每次运行，都会通过相同时间间隔记录近似最优解集的 hyper-volume 值。解集的 hyper-volume 值最终稳定，并将每个测试用例上运行 20 次得到的结果平均值，通过式（6.27）转换为 r 值进行比较。因此，SMOPSO 算法在不同测试用例上所得的收敛曲线如图 7.6 所示。从图 7.6 中可以看出，不同的测试用例的收敛效果不尽相同。与测试用例 3 和测试用例 4 相比，算法在测试用例 1 和测试用例 2 上达到收敛的速度更快，主要是因为测试用例 3 和测试用例 4 这两个测试用例本身复杂度高，如包含更多的抽象服务并且有相对严格的 SLA 约束条件。同时，SMOPSO 算法在所有测试用例上的 hyper-volume 值曲线在它们稳定之前都存在波动但总体趋势是 hyper-volume 值越来越大并收敛，这主要是因为粒子的行为受到不同策略和适应度函数的影响，而这些影响和解集 hyper-volume 值的计算效果不能完全匹配，所以按照算法中策略和适应度函数找到的新一代较优解集的 hyper-volume 值可能比前一代小，存在波动；但算法效果和 hyper-volume 值的效果主要方向一致，所以 hyper-volume 值越来越大并收敛。

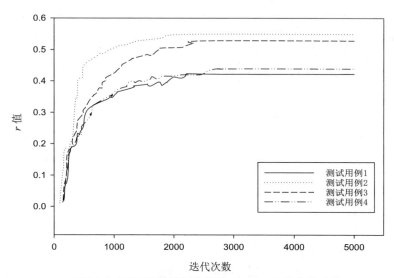

图 7.6　不同测试用例上算法 SMOPSO 的收敛曲线

7.4.2　与已提出的相关算法对比

对于 SSC 问题，SMOPSO 算法与 HMDPSO+算法，以及第 6 章中所有对比算法在本章设定的四个不同抽象流程结构、不同规模的测试用例上进行对比。所有算法的参数设置以及终止条件如前文设定。实验将分三部分进行展示：第一部分展示所有对比算法对目标的优化程度和优化效果，以及解集的分布情况；第二部分对比所有算法在不同测试用例上所得解集 hyper-volume 值的对比；第三部分展示在等级优先条件下各算法所求解集违约程度的对比。

（1）目标的优化。

在这部分中，将所有对比算法在前文设定的不同测试用例中运行得到解集。每个解集包含问题的 100 个可行解，并且对每个算法在每个测试用例上独立运行 20 次得到的所有结果中选取 hyper-volume 值最大的解集进行对比分析。解集中的每个解都与三个目标函数相关联，并且对每个目标值按照第 6 章中 HMDPSO 算法所得解集的最值进行归一化处理，同样是目标值越大越好，由于 SMOPSO 算法所得目标值有超出第 6 章所设定最值的情况，所以目标值存在大于 1 的情况。与所有算法解集相关的三个目标的平均值、标准差的统计结果总结如表 7.6 所示。

表 7.6 不同算法关于解集中解目标值的性能对比

测试用例	项目	算法	cost	t-检验值	latency	t-检验值	throughput	t-检验值
测试用例 1	平均值（标准差）	NSGA-II	0.2220(0.2191)	17.344	0.3309(0.1661)	29.740	0.2261(0.1486)	11.617
		MOGA	0.3721(0.2312)	11.370	0.5953(0.2219)	12.482	0.3001(0.1651)	8.336
		HMDPSO	0.3122(0.2210)	12.157	0.5470(0.1938)	15.914	0.3301(0.1608)	7.394
		HMDPSO+	0.6046(0.2187)	4.366	0.8265(0.1128)	3.633	0.5137(0.1439)	0.970
		SMOPSO	0.7561(0.2056)	—	0.8819(0.0733)	—	0.5444(0.1908)	—
测试用例 2	平均值（标准差）	NSGA-II	0.3748(0.2715)	10.656	0.2156(0.0855)	11.816	0.2004(0.1429)	15.435
		MOGA	0.4288(0.2691)	9.140	0.3161(0.1803)	7.618	0.2602(0.1591)	12.639
		HMDPSO	0.4676(0.2478)	8.411	0.3779(0.2215)	5.476	0.4194(0.2058)	5.957
		HMDPSO+	0.6329(0.2101)	3.668	0.5656(0.2997)	0.360	0.5762(0.2138)	0.699
		SMOPSO	0.7427(0.2032)	—	0.5808(0.2966)	—	0.5973(0.2134)	—
测试用例 3	平均值（标准差）	NSGA-II	0.2852(0.2091)	14.803	0.3405(0.1724)	25.979	0.2374(0.1754)	11.441
		MOGA	0.3823(0.2327)	11.550	0.4533(0.0956)	29.662	0.3664(0.1707)	6.980
		HMDPSO	0.4178(0.1966)	11.226	0.5233(0.1821)	15.97	0.3383(0.1774)	7.863
		HMDPSO+	0.6113(0.2836)	5.201	0.8242(0.0927)	1.993	0.5156(0.2226)	1.514
		SMOPSO	0.8297(0.2821)	—	0.8505(0.09166)	—	0.5651(0.2018)	—

续表

测试用例	项目	算法	cost	t-检验值	latency	t-检验值	throughput	t-检验值
测试用例 4	平均值（标准差）	NSGA-II	0.3424(0.2526)	14.601	0.3424(0.1186)	45.531	0.2838(0.1445)	10.704
		MOGA	0.4248(0.2825)	11.505	0.4873(0.1174)	35.067	0.3416(0.1985)	7.888
		HMDPSO	0.4147(0.1860)	14.434	0.3908(0.1283)	39.361	0.4874(0.2290)	3.178
		HMDPSO+	0.6560(0.2290)	5.940	0.9013(0.0479)	6.605	0.5496(0.2470)	1.319
		SMOPSO	0.8541(0.2350)	—	0.9516(0.0567)	—	0.5965(0.24875)	—

　　用双尾 t 检验验证所有对比算法解集的所有解的三个目标是否存在显著差异，t 检验的自由度为 99，显著性水平为 $\alpha=0.05$。从表 7.6 中能看到 SMOPSO 算法的所有三个目标好于 HMDPSO+算法、HMDPSO 算法、MOGA 算法以及 NSGA-II 算法。SMOPSO 算法与 HMDPSO+算法、HMDPSO 算法、MOGA 算法、NSGA-II 之间算法 t-统计量的值由表 7.6 的 t 检验列给出，t-统计量的值表明在 5% 的显著性水平，SMOPSO 算法所得解集三个目标的平均值与其他对比算法解集三个目标的平均值间存在不同程度的差异。所以，在所有测试用例上，由 SMOPSO 算法所产生的解的目标值明显好于 HMDPSO+算法、HMDPSO 算法、MOGA 算法、NSGA-II 算法所产生解的目标值，并且这个结论将在图 7.7 中得到进一步的验证。

　　将每个算法在不同测试用例上运行得到具有最大 hyper-volume 值解集的所有解绘制到三维坐标系中，结果如图 7.7 所示。从图 7.7 中可以看出解集的效果和表 7.6 中的分析是一致的。以测试用例 1 为例，表 7.6 中 SMOPSO 算法解集的所有三个目标的平均值不同程度地好于 HMDPSO+算法、HMDPSO 算法、MOGA 算法和 NSGA-II 算法的解集的所有三个目标的平均值，相应地，图 7.7 中 SMOPSO 算法解集的所有解分布坐标系中坐标大于其他对比算法的区域。所有三个目标的标准差反映了解分布的集中程度，由于来自 SMOPSO 算法解集的标准差较小，所以该解集的分布和其他算法比起来较为集中。所有三个目标的 t-检验值代表了显著差异的水平，t-检验值越大，差异也就越大。由表 7.6 可知，与 MOGA 算法和 NSGA-II 算法相比，SMOPSO 算法与 NSGA-II 算法所得解集在所有三个目标上差异最大；相应地，在图 7.7 中可以看出由 NSGA-II 算法获得的解集大致分布在离 HMDPSO+算法所得解集最远的区域。

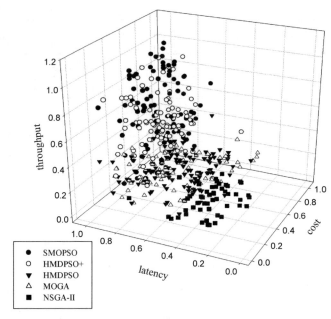

（a）测试用例 1

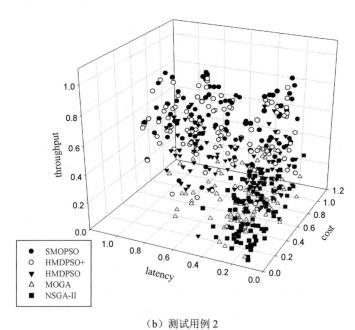

（b）测试用例 2

图 7.7（一）　解集在不同测试用例上的分布图

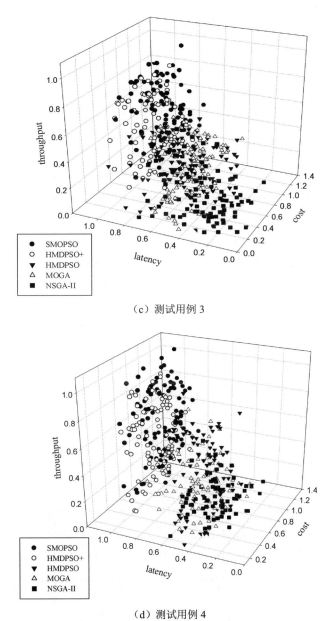

（c）测试用例 3

（d）测试用例 4

图 7.7（二）　解集在不同测试用例上的分布图

表 7.6 中 SMOPSO/HMDPSO 算法所有三个目标的 *t*-检验值与 SMOPSO/ MOGA 算法所有三个目标的 *t*-检验值大小相近，所以来自 HMDPSO 算法的解集与来自 MOGA 算法的解集部分重叠，并且它们解集的分布与 SMOPSO 算法解集分布的距离大致相当。按照类似的分析，对于其他测试用例，SMOPSO 算法同样

远远优于 HMDPSO+算法、HMDPSO 算法、MOGA 算法以及 NSGA-II 算法，而且这种优势越来越明显。

另外，在所有测试用例中，将 SMOPSO/HMDPSO+算法所有三个目标的 *t*-检验值横向比较，从表 7.6 中可以看出在目标 cost 上的差异水平绝大多情况下高于其他两个目标。与表中一致，从图 7.7 中可以看出 SMOPSO 算法的解较 HMDPSO+算法的解靠右，即 SMOPSO 算法解集的目标 cost 明显优于 HMDPSO+算法解集的该目标，这主要是算法通过资源共享，实现资源的优化配置，使组合服务的性价比达到一个新的平衡，主要表现为提供一些不差于原有解集但成本更优的解。

这些结果表明与 HMDPSO+算法、HMDPSO 算法、MOGA 算法、NSGA-II 算法相比，在不同的流程结构和不同规模的 SSC 问题中，基于资源共享的多目标粒子群算法具有强大的搜索能力。

（2）hyper-volume 值的比较。

在这部分中，将所有算法在 6.4.1 节中所设置的 4 个不同流程结构和不同规模的测试用例上运行 20 次，并保留每次运行得到解集的最大 hyper-volume 值进行比较。表 7.7 给出了每个算法在所有测试用例上运行得到解集的 hyper-volume 的最大值、最小值、平均值和变异系数（*CV*）。变异系数是一种相对变异的度量，等于标准差除以均值，即 $CV=\sigma/\mu$，其中 σ 和 μ 分别为 QoS 属性值的标准差和平均值。变异系数小则说明所有运行结果的 hyper-volume 值分布较为均匀，偏差较小；变异系数较大则说明 hyper-volume 值之间差别较大。

表 7.7　不同算法的 hyper-volume 值对比[最大值/最小值/平均值(变异系数)]

算法	测试用例 1	测试用例 2
NSGA-II	0.12134/0.03124/0.08554 (0.30647)	0.18884/0.00329/0.08504(0.52292)
MOGA	0.2392/0.09813/0.16818(0.26302)	0.34518/0.08022/0.20868(0.42632)
HMDPSO	0.39121/0.21005/0.28248(0.14920)	0.40814/0.22588/ 0.31253(0.18645)
HMDPSO+	0.49362/0.29415/0.39474 (0.12102)	0.57412/0.38251/0.46592 (0.13765)
SMOPSO	0.52131/0.35213/0.42694(0.09432)	0.6432/0.48152/0.54922 (0.155765)
算法	测试用例 3	测试用例 4
NSGA-II	1.7816/0.13241/0.741601(0.65037)	0.91408/0.01245/0.3163(0.91166)
MOGA	2.89841/0.178023/1.5279(0.53576)	2.03127/0.21215/1.03266(0.55141)
HMDPSO	3.33161/1.21582/2.48222(0.42745)	3.14132/1.17618/2.0651(0.295435)
HMDPSO+	4.78321/2.27678/3.65611(0.25738)	4.98451/ 2.60531/3.75521(0.14593)
SMOPSO	7.12232/3.89213/5.2529(0.172574)	5.6321/3.3132/4.36912(0.155726)

　　从表 7.7 中能看出、对于每个测试用例，SMOPSO 算法所得解集的 hyper-volume 的最大值、最小值和平均值都比其他对比算法的相应值大，同时 SMOPSO 算法求得解集的各 hyper-volume 值的统计值均大于 HMDPSO+算法的相应值，而且同样在所有测试用例中，SMOPSO 算法的变异系数与 HMDPSO+算法的变异系数大致相当。因此认为对于不同结构和规模的测试用例，HMDPSO 算法比 MOGA 算法和 NSGA-II 算法优化效果明显；而与 HMDPSO+算法相比，SMOPSO 算法具有更强的搜索性能。而且 SMOPSO 算法的优化效果在图 7.8 中得到进一步证明，图中明确显示了每个测试用例上所有算法的 hyper-volume 值分布图。它给出了每种算法的 hyper-volume 值分布，包括最小观察值、低四分位值、中位值、高四分位值和最大观察值。

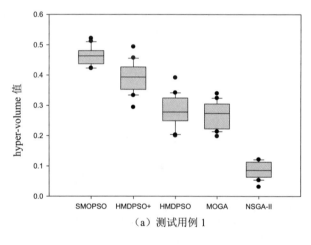

（a）测试用例 1

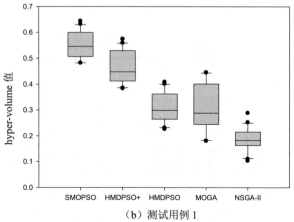

（b）测试用例 1

图 7.8（一）　　不同测试用例中对比算法 hyper-volume 值结果统计

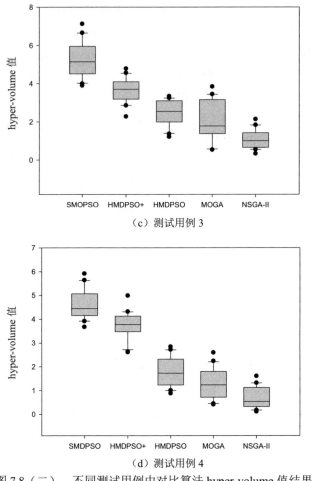

（c）测试用例 3

（d）测试用例 4

图 7.8（二）　不同测试用例中对比算法 hyper-volume 值结果统计

　　另外，图 7.8 还显示了与 MOGA 算法和 NSGA-II 算法对比，SMOPSO 算法在所有用例上 hyper-volume 值的显著优越性，同时 SMOPSO 算法进一步提升了 HMDPSO+算法的优化效果。这主要因为 SMOPSO 算法继承了 HMDPSO+算法较强的搜索性能，粒子变异策略为粒子群引入变异信息，增加群体的多样性，使得搜索不易陷入局部最优，以及粒子群的更新策略使得粒子在全局范围进行全面搜索。SMOPSO 算法还继承了 HMDPSO+算法的细粒度适应度函数，能实现精确解的查找。另外，SMOPSO 算法基于资源共享进行服务选取，不但通过提高资源的利用率来提升解的性能，而且 SMOPSO 算法的解空间包含了所有对比算法的解空间，在更大的解空间里查找性能较优的解。因此，与这部分中的其他算法相比较，SMOPSO 算法具有更强大的搜索能力。

（3）等级优先效果的比较。

根据白金卡、金卡、银卡的不同优先级别，第 6 章所设定违反不同等级约束的代价以及不可行解的违约代价的 punishment_cost 计算式（6.28），对 SMOPSO 算法所求不可行解集的代价值进行测试，并且与第 6 章中所有算法进行比较。同样 punishment_cost 值越小，则在等级优先条件下违反约束程度越小。将所有算法在 6.4.1 节所设置的四个不同结构和不同规模的测试用例上运行 20 次，参数设置和终止条件如测试用例所设置的，约束条件为全局 SLA 等级约束条件-II。对于各算法所求解集中的每个解，依据式（6.28）计算违约代价 punishment_cost，并且解集的违约代价为所有解违约代价的平均值。结果分为两个方面展示：第一个方面为 SMOPSO 算法随迭代次数的增加，punishment_cost 的变化情况，即基于等级优先的算法求解过程，所有算法每次运行得到解集 punishment_cost 的收敛值；第二个方面为所有算法运行 20 次得到的所有解集 punishment_cost 收敛值之间的比较。

图 7.9 中，SMOPSO 算法关于 punishment_cost 的收敛曲线为算法在四个不同测试用例上所求的解集 punishment_cost 随迭代的变化情况。由于全局 SLA 等级约束条件-II 对每个测试用例的约束程度不尽相同，所以图中曲线收敛到不同的 punishment_cost 值，但是由这些收敛值大于 0 的情况可以看出所得解集不全为可行解。随着迭代的进行，SMOPSO 算法所求解集的 punishment_cost 值越来越小，即在不全为可行解的情况下，尽量满足优先等级的约束条件，直到 punishment_cost 稳定。另外，图中的曲线存在波动，这主要是 SMOPSO 算法中关于不可行解的适应度函数与 punishment_cost 函数不一致引起的。

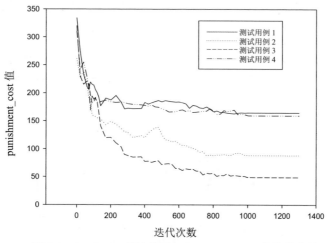

图 7.9 SMOPSO 算法关于 punishment_cost 的收敛曲线

对于不同算法在各个测试用例上 punishment_cost 值的比较，表 7.8 给出了所有算法在每个测试用例上运行 20 次所得 punishment_cost 值的各个统计量，即最大值、最小值、平均值和标准差。从表中可以看出，SMOPSO 算法关于 punishment_cost 的最大值、最小值和平均值都比其他对比算法的相应值小，则 SMOPSO 算法所求解集的解的违约程度最小，并且标准差也是所有算法中最小的。因此认为 SMOPSO 算法比其他对比算法稳定性高，而且等级优先条件下求解质量显著。并且这种稳定性或有效性在图 7.10 中进一步得到证明，图中明确显示了每个测试用例上所有算法的违约代价 punishment_cost 的盒子统计图，包括最大观察值、低四分位值、中位值、高四分位值和最大观察值。

表 7.8　不同算法 punishment_cost 值对比[最大值/最小值/平均值(标准差)]

算法	测试用例 1	测试用例 2
NSGA-II	213.5/196.4/205.635(5.5679)	122.5/114.3/118.081(2.0218)
MOGA	198.8/187.8/192.251(3.5483)	109.8/104.4/107.685(1.5858)
HMDPSO	179.2/167.3/174.311(2.9112)	98.3/94.3/96.065(1.15224)
HMDPSO+	174.5/162.1/169.10 (2.6551)	95.6/90.5/92.5112 (1.2569)
SMOPSO	169.3/161.6/165.13(1.7372)	94.05/87.407/89.796(1.875)
算法	测试用例 3	测试用例 4
NSGA-II	88.5/81.6/84.133(1.9665)	217.2/210.3/214.165(1.9411)
MOGA	77.8/70.5/74.512(2.1731)	194.5/186.4/191.555(2.2005)
HMDPSO	63.8/55.2/60.965(2.6351)	179.5/171.2/175.52(3.8365)
HMDPSO+	58.6/53.5/55.275(1.8032)	174.4/ 167.6/169.84(1.6053)
SMOPSO	57.8/49.72/53.28(1.973)	169.27/162.5/165.12(1.1371)

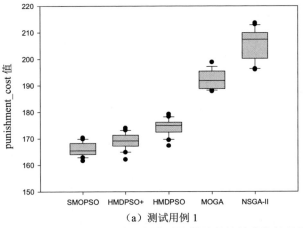

（a）测试用例 1

图 7.10（一）　不同测试用例中对比算法的违约代价结果统计

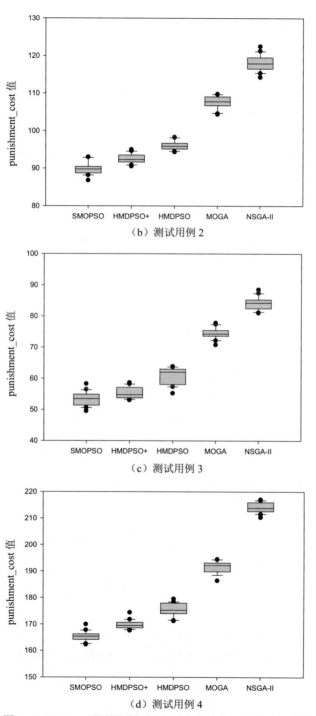

（b）测试用例 2

（c）测试用例 3

（d）测试用例 4

图 7.10（二）　不同测试用例中对比算法的违约代价结果统计

由图 7.10 可以看出 SMOPSO 算法与 HMDPSO+算法和 HMDPSO 算法的 punishment_cost 值的分布类似，都比较小且接近，这是由于它们都使用相同的函数为解集的解分配适应度值，并且该适应度函数为每个不可行解所违反的 SLA 等级约束中的每个不同约束项按等级设置不同的权重，即白金卡优先、金卡其次、银卡最后，而这种适应度函数的设置方式正好与 punishment_cost 函数的效果一致，所以这三种算法的违约代价较小，而 MOGA 算法和 NSGA-II 算法的适应度函数由于没有考虑等级优先条件的对比，所以由 punishment_cost 定义的违约代价相对较大。同时 SMOPSO 算法的 punishment_cost 值优于 HMDPSO+算法和 HMDPSO 算法，原因在于基于资源共享实现，能在约束条件给定的情况下，最大限度地提升资源的利用率，从而尽最大可能满足约束条件。另外，由图 7.10 可以看出，SMOPSO 算法的 punishment_cost 值分布较为集中，与其他算法比较，它的性能相对稳定。因此，认为 SMOPSO 算法在等级优先条件下的求解质量优于其他对比算法，并且稳定性较优。

7.5 本 章 小 结

为了减少第六章中提出的 HMDPSO 算法的闲置资源，提高资源的利用率，扩大服务选取空间，本章提出了基于资源共享的 SMOPSO 算法。在该算法中重新定义了粒子位置的形式，体现相同具体服务实例的共享关系；设计了粒子部署策略，将算法所找到的解修正为符合实际情况的资源共享方案的组合，通过该策略中得到相同资源的多个共享方案，并且比较它们的性能；沿用粒子更新策略，对问题空间进行全局搜索；提出了粒子局部搜索策略，通过交叉的方式使资源共享方案横向运动，这样不仅能测试新产生资源共享方案对当前服务资源分配的效果，还能测试它对其他资源进行分配的效果，经过不同资源的筛选之后，通过算法的排序决定是否保留该资源共享方案，这种方法延长了资源共享方案在运算中停留的时间，避免了不适合当前资源分配的资源共享方案被轻易淘汰；提出了粒子变异策略，并在其中定义了群体多样性指标，当群体多样性低于阈值时，通过对粒子个体最优位置进行变异，为群体引入新的信息，增加多样性，抑制算法的早熟收敛情况；最后，将此算法在不同规模的实例上进行测试，并且与第 6 章的 HMDPSO+算法、HMDPSO 算法、MOGA 算法、NSGA-II 算法进行对比，结果表明 SMOPSO 算法在资源利用率和解集质量方面效果显著。

第 8 章　MSLA 等级感知体检项目服务选取问题的混合多目标离散粒子群算法

　　体检项目服务选取 PESS 问题的目标是针对不同的体检项目找到最优的体检项目组合服务，从而满足给定的约束条件。由于定制体检套餐系统通常需要为用户提供多个医疗服务等级，针对该问题，建立了求解该问题的多目标粒子群优化模型，重新定义第 6 章提出的 HMDPSO 算法。在 HMDPSO 算法中，沿用原算法的粒子更新策略和粒子变异策略。

8.1　问　题　建　模

8.1.1　体检项目服务选取的可变流程结构

　　针对体检项目服务选取问题，在第 5 章提出的固定顺序流程情况下，建立了为每个抽象体检项目查找候选服务的 FPPESS 模型。在抽象流程结构变复杂的情况下，抽象流程如图 8.1 所示，由于抽象流程存在选择结构，则源到目的节点存在多条路径，可以为用户提供多条满足用户需求的路径，同时用户也可以对多条路径进行自主选择，即体检项目服务选取出现了可变流程的情况。并且在体检套餐定制系统中，MSLA 协议为可变流程体检项目组合服务定义了端到端的 QoMS 属性约束，如专业水平、价格、时间。为了满足给定的 MSLA 协议，开发者需要优化可变流程体检项目组合服务实例，即应该为可变流程抽象体检项目选取哪些候选体检服务使得约束条件能够被满足。这种为了满足端到端 QoMS 约束条件，查找可变流程抽象体检项目和候选体检服务之间的最优绑定关系的组合优化问题，称为可变流程的体检项目服务选取问题（Adjustable Process Physical Examination Service Selection，APPESS）。

　　图 8.1 中体检套餐定制系统的抽象流程由抽象体检项目集 P 构成，每个抽象体检项目 i（$i \in [0, |P|-1]$）对应一个抽象体检项目类 $P_i = \{p_{i1}, p_{i2}, \cdots, p_{im}\}$，因此 $P = \{P_1, \cdots, P_{|P|-1}\}$，并且 P_i 由功能相同但是 QoMS 属性值不同的候选体检服务构成。由抽象流程及抽象体检项目类可形成体检项目组合服务，具体定义如下。

　　定义 8.1（可变流程的体检项目组合服务）　在可变流程的体检项目服务选

取问题中，对于与之相关的抽象流程和流程中的所有抽象体检项目类 $P=\{P_1,\cdots,P_{|P|-1}\}$，从每个抽象体检项目类 $P_1,\cdots,P_{|P|-1}$ 中选取一个候选体检服务，所有这些候选体检服务构成抽象流程的一个可变流程的体检项目组合服务（Adjustable Process Physical Examination Composite Service，APPECS），从而实现定制体检套餐，表示为 $APPECS=\{p_1,p_2,\cdots,p_{|P|}\}$。

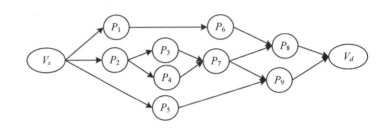

图 8.1　APPESS 问题的一个抽象服务流程图实例

对于抽象流程中所包含的三个选择结构 V_s、P_2、P_7，假设它们对应的分支相对执行概率都相等，则抽象流程所有分支的相对执行概率如图 8.2 所示，则执行路径的定义如下。

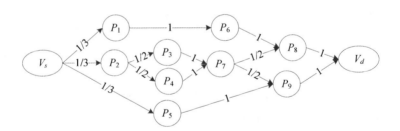

图 8.2　分配相对执行概率的抽象流程图实例

定义 8.2（执行路径）　在可变流程的体检项目服务选取问题中，将可变流程的体检项目组合服务的执行路径定义为抽象流程从原点到终点的一条路径，仅包含抽象流程中的顺序结构和选择结构中的一个分支操作，用 R_i 表示。

每条执行路径都有一个相对执行概率，用 ξ_i 表示；每条执行路径的相对执行概率 ξ_i 为该路径中所有选择结构中所选分支操作相对执行概率的乘积。因此，如果抽象流程共有 K 条可执行路径，则 $\sum\limits_{i=1}^{K}\xi_i=1$。图 8.2 中共有七条执行路径，它们的相对执行概率如表 8.1 所示。

依据表 8.1 抽象流程中的 K 条可执行路径和相对执行概率，以及抽象流程的一个可变流程的体检项目 $APPECS = \{p_1, p_2, \ldots, p_9\}$，其中服务 p_i 为来自抽象体检项目类 P_i 的候选体检服务。APPESS 问题所涉及的属性同样为专业水平（professional level）、价格（price）和时间（time），分别用 Q_1、Q_2、Q_3 表示，对抽象体检项目、候选体检服务、QoMS 属性沿用第 5 章的表示方法。

表 8.1　抽象流程的执行路径及相对执行概率

可执行路径	相对执行概率
$R_1: \{V_s, P_1, P_6, P_8, V_d\}$	$\xi_1 = 1/3$
$R_2: \{V_s, P_2, P_3, P_7, P_8, V_d\}$	$\xi_2 = 1/12$
$R_3: \{V_s, P_2, P_3, P_7, P_9, V_d\}$	$\xi_3 = 1/12$
$R_4: \{V_s, P_2, P_4, P_7, P_8, V_d\}$	$\xi_4 = 1/12$
$R_5: \{V_s, P_2, P_4, P_7, P_9, V_d\}$	$\xi_5 = 1/12$
$R_6: \{V_s, P_5, P_9, V_d\}$	$\xi_6 = 1/3$

根据 APPESS 问题的特点，组合服务中加入了选择连接关系，则组合服务端到端的 QoMS 属性 Q_1、Q_2、Q_3，由两步得到：①每条执行路径的相对执行概率为该路径每个选择连接分支对应的相对执行概率的乘积；②组合服务端到端的 QoMS 属性由不同执行路径的相对执行概率与该路径 QoMS 属性的加权平均得到。沿用第 5 章中 QoMS 属性聚合的函数，则 APPECS 的 QoMS 属性计算如下：

$$Q_1(APPECS) = \sum_{i=1}^{K}[\xi_i \times Q_1(R_i)] \sum_{i=1}^{K}\left(\xi_i \times \frac{\sum\limits_{p_j \in R_i} Q_1(p_j)}{|R_i|}\right) \tag{8.1}$$

$$Q_2(APPECS) = \sum_{i=1}^{K}[\xi_i \times Q_2(R_i)] \sum_{i=1}^{K}\left(\xi_i \times \sum_{p_j \in R_i} Q_2(p_j)\right) \tag{8.2}$$

$$
\begin{aligned}
Q_3(APPECS) &= \sum_{i=1}^{K}[\xi_i \times Q_3(R_i)] \\
&= \sum_{i=1}^{K}\left[\xi_i \times \left(\sum_{p_j \in R_i} Q_4(p_j) + \sum_{p_j \in R_i} Q_5(p_j) + \sum_{p_j \in R_i} \frac{\sqrt{[Q_7(p_j) - Q_7(p_{j-1})]^2 + [Q_8(p_j) - Q_8(p_{j-1})]^2}}{v}\right)\right] \\
&= \sum_{i=1}^{K}\xi_i \times \left(\sum_{p_j \in R_i} Q_4(p_j) + \sum_{p_j \in R_i} Q_5(p_j)\right) + \sum_{i=1}^{K}\xi_i \times \left(\sum_{p_j \in R_i} \frac{\sqrt{[Q_7(p_j) - Q_7(p_{j-1})]^2 + [Q_8(p_j) - Q_8(p_{j-1})]^2}}{v}\right)
\end{aligned}
\tag{8.3}
$$

8.1.2　MSLA 等级感知的体检项目服务选取问题模型

定制体检套餐系统通常需要满足不同用户的 MSLA 协议需求，它由一个抽象体检项目集合和一个流程组成。每个抽象体检项目为定制体检套餐系统的功能组件，流程定义了它们之间的相互作用。当定制体检套餐系统的流程被实例化时，即为流程中每个抽象体检项目部署一个候选体检服务实例。当定制体检套餐系统打算为不同用户分类提供服务时，它被实例化为多个流程实例，每个流程实例为一个指定的用户类提供一个特定的 QoMS 属性水平。在定制体检套餐系统中，MSLA 协议被定义为一个实例化流程端到端的 QoMS 属性需求如专业水平（professional level）、价格（price）和时间（time）。本章将为了满足不同等级的 MSLA 协议，查找每个抽象体检项目和它的候选体检服务实例间的最优绑定关系的组合优化问题，称为 MSLA 等级感知体检项目服务组合（MSLA-Aware Physical Examinations Service Selection，MPESS）问题，这是一个 NP 难问题。

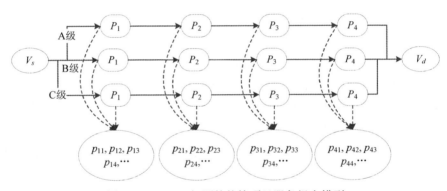

图 8.3　MPESS 问题的体检项目服务组合模型

图 8.3 为问题的模型，P_1、P_2、P_3、P_4 代表不同等级的抽象体检项目类 $P_i = \{p_{i1}, p_{i2}, \cdots, p_{in}\}$，由检查内容相同但是 QoMS 属性不同的体检服务构成。其中白金卡、金卡和银卡分别标注三个不同 MSLA 等级的抽象体检项目流程实例，虽然等级不同，但是流程结构相同，且以顺序流程为例进行建模。针对不同 MSLA 等，开发者需要优化 PECS 实例，即分别为抽象体检项目选取候选体检服务使得不同等级约束条件能够被满足。当完成不同 MSLA 等级的所有抽象体检项目的候选体检服务部署时，抽象服务流形成不同等级的实例流程，即不同等级的体检项目组合服务，得到由满足不同等级的多个体检项目组合服务构成的解。对于解的相关定义如下。

定义 8.3（MPESS 体检项目组合服务）　对于抽象流程和与各抽象体检项目类关联的多个候选体检服务，为每个抽象体检项目选取候选体检服务实例，当完成所有抽象体检项目的候选体检服务选取时，抽象服务流程形成了实例流程，即体检项目组合服务；按照多 MSLA 等级约束，形成的多 MSLA 等级体检项目组合服务构成 MPESS 问题的解。

为了判断一个解是否满足给定的 MSLA 等级约束，需要通过聚合每个体检服务实例的 QoMS 属性计算该体检项目组合服务端到端的 QoMS 属性。对于包含 $n=|P|$ 个抽象体检项目的流程，为每个抽象体检项目选取一个候选体检服务并且满足 MSLA 等级 L 的约束，形成 MSLA 等级 L 的体检项目组合服务，将其表示为 $PECS_L = \{p_{L1}, p_{L2}, \cdots, p_{LN}\}$，则问题的解表示为 $X = (pecs_1, \cdots, pecs_L) = (p_{11}, p_{12}, \cdots, p_{1N}, \cdots, p_{L1}, p_{L2}, \cdots, p_{LN})$。向量 X 中的分量 $pecs_i$ 表示与 MSLA 等级 i 关联的体检项目组合服务，如果 X 为可行解，则体检项目组合服务 $pecs_i$ 满足第 i 个 MSLA 等级约束。

该问题中所涉及的属性为专业水平（professional level）、价格（price）和时间（time），分别用 Q_1、Q_2、Q_3 表示。根据第 5 章中抽象体检服务选取问题的模型，计算体检项目组合服务端到端的 QoMS 属性。假设问题考虑三类用户：白金卡用户、金卡用户和银卡用户，则等级数量为 3，即 $L=3$；并且指定体检项目组合服务 $pecs_1$、$pecs_2$、$pecs_3$ 分别表示与白金卡用户、金卡用户和银卡用户关联的体检项目组合服务。依据假设，三个等级体检项目组合服务的 QoMS 属性计算如下：

$$Q_1(pecs_1) = \frac{\sum_{j \in \text{抽象体检项目}} Q_1(p_{1j})}{\sum_{j \in \text{抽象体检项目}}} \tag{8.4}$$

$$Q_2(pecs_1) = \sum_{j \in \text{抽象体检项目}} Q_2(p_{1j}) \tag{8.5}$$

$$Q_3(pecs_1) = \sum_{j \in \text{抽象体检项目}} Q_4(p_{1j}) + \sum_{j \in \text{抽象体检项目}} Q_5(p_{1j})$$
$$+ \frac{\sum_{j \in \text{抽象体检项目}} \sqrt{[Q_7(p_{1j}) - Q_7(p_{1j-1})]^2 + [Q_8(p_{1j}) - Q_8(p_{1j-1})]^2}}{v} \tag{8.6}$$

$$Q_1(pecs_2) = \frac{\sum_{j \in \text{抽象体检项目}} Q_1(p_{2j})}{\sum_{j \in \text{抽象体检项目}}} \tag{8.7}$$

$$Q_2(pecs_2) = \sum_{j \in \text{抽象体检项目}} Q_2(p_{2j}) \tag{8.8}$$

$$Q_3(pecs_2) = \sum_{j \in 抽象体检项目} Q_4(p_{2j}) + \sum_{j \in 抽象体检项目} Q_5(p_{2j})$$
$$+ \frac{\sum_{j \in 抽象体检项目} \sqrt{[Q_7(p_{2j}) - Q_7(p_{2j-1})]^2 + [Q_8(p_{2j}) - Q_8(p_{2j-1})]^2}}{v} \quad (8.9)$$

$$Q_1(pecs_3) = \frac{\sum_{j \in 抽象体检项目} Q_1(p_{3j})}{\sum_{j \in 抽象体检项目}} \quad (8.10)$$

$$Q_2(pecs_3) = \sum_{j \in 抽象体检项目} Q_2(p_{3j}) \quad (8.11)$$

$$Q_3(pecs_3) = \sum_{j \in 抽象体检项目} Q_4(p_{3j}) + \sum_{j \in 抽象体检项目} Q_5(p_{3j})$$
$$+ \frac{\sum_{j \in 抽象体检项目} \sqrt{[Q_7(p_{3j}) - Q_7(p_{3j-1})]^2 + [Q_8(p_{3j}) - Q_8(p_{3j-1})]^2}}{v} \quad (8.12)$$

等级感知 PESS 问题的全局约束条件用向量 $\boldsymbol{C}=(C_1,\cdots,C_7)$ 表示，它代表的三类用户 MSLA 等级约束的上界或下界。在该问题中，约束条件分别包含了对白金卡和金卡用户 professional level 和 time 的最低约束，对银卡用户 professional level 和 price 的最低约束，以及对三类用户所产生的总费用的最低约束，即

$$Q_1(pecs_1) \geqslant C_1 \quad (8.13)$$

$$Q_3(pecs_1) \leqslant C_2 \quad (8.14)$$

$$Q_1(pecs_2) \geqslant C_3 \quad (8.15)$$

$$Q_3(pecs_2) \leqslant C_4 \quad (8.16)$$

$$Q_1(pecs_3) \geqslant C_5 \quad (8.17)$$

$$Q_2(pecs_3) \leqslant C_6 \quad (8.18)$$

$$Q_2(\boldsymbol{X}) \leqslant C_7 \quad (8.19)$$

作者为 SSC 问题设定的三个优化目标分别为：由三类用户所产生的总 professional level、price、time 它们具体的表达式如下：

$$Q_1(\boldsymbol{X}) = Q_1(pecs_1) + Q_1(pecs_2) + Q_1(pecs_3) \quad (8.20)$$

$$Q_2(\boldsymbol{X}) = Q_2(pecs_1) + Q_2(pecs_2) + Q_2(pecs_3) \quad (8.21)$$

$$Q_3(\boldsymbol{X}) = Q_3(pecs_1) + Q_3(pecs_2) + Q_3(pecs_3) \quad (8.22)$$

定义 8.4（MSLA 等级感知的体检项目服务组合）　在 MPESS 问题中，对于一个给定抽象流程和一个全局 QoMS 约束 $C' = (c'_1, c'_2, \cdots, c'_m)$，$1 \leqslant m \leqslant r$，MSLA 等级感知体检项目服务组合是指依据抽象体检项目流程和候选体检服务的属性，找到满足多 MSLA 等级约束的多个组合服务构成的可行解，并且使整体的多个目标函数最优。

8.2　求解 MPESS 问题的 HMDPSO 算法

对于 MSLA 等级感知体检项目服务组合问题模型，本章将采用第 6 章的 HMDPSO 算法和 HMDPSO+算法进行求解，求解之前依据问题的特点重新定义了粒子位置和局部搜索策略。

8.2.1　粒子位置表示

依据 MPESS 问题假设，HMDPSO 算法中的每个粒子位置代表问题的一个解 $\boldsymbol{X} = (pecs_1, \cdots, pecs_L) = (p_{11}, p_{12}, \cdots, p_{1N}, \cdots, p_{L1}, p_{L2}, \cdots, p_{LN})$，表示三个用户分类的体检项目组合服务，且每个抽象体检项目与候选体检服务相关联。图 8.4 给出了粒子位置表示实例，它代表与图 8.3 中抽象流程结构相关的解，其中每个分量 p_{ij} 表示候选体检服务在其对应抽象体检项目类的编号 $i \in [1, L]$，$j \in [1, N]$。

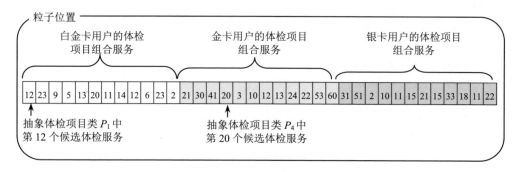

图 8.4　粒子位置表示实例

8.2.2　局部搜索策略

为了加快获取满足问题约束条件的候选解，在 HMDPSO 算法中加入局部搜索策略。它是基于候选体检服务的约束支配关系提出的，以抽象体检项目为单位局部改善粒子位置的约束满足状态，以加快满足问题的约束条件。由于算法中非支配关系是整体考虑的，粒度太粗，无法保留受支配解中好的粒子位置的片段，为了提高优化的精度，本章提出了以候选体检服务为单位的约束支配关系，以加快问题的求解过程。

MPESS 问题中每个候选体检服务的 QoMS 属性为 professional level、price 和 time。由式（8.4）～式（8.12）中属性聚合的特点可知，对于 professional level，只有每个候选体检服务的 professional level 满足约束条件时，体检项目组合服务的 professional level 才满足约束条件；对于 time 和 price，只有每个候选体检服务的 time 和 price 尽量小时，体检项目组合服务的 time 和 price 才更容易满足约束条件。

因此满足以下条件时，视为候选体检服务 i 支配候选体检服务 j：

（1）候选体检服务 i 的 professional level 满足对应的约束条件。

（2）候选体检服务 i 的 time 小于候选体检服务 j 的 time。

（3）候选体检服务 i 的 price 小于候选体检服务 j 的 price。

Procedure P_candidateS comparison 给出了以抽象体检服务约束支配为基础的局部搜索的过程，比较 P_{ibest} 和 P_{gbest} 中每个候选体检服务的支配关系，当 P_{gbest} 中候选体检服务支配 P_{ibest} 对应的候选体检服务时，即 $P_{gbest}(Cand_j) < P_{ibest}(Cand_j)$，则用 $P_{gbest}(Cand_j)$ 替换 $P_{ibest}(Cand_j)$。在 HMDPSO+算法中，将从粒子群 G_{best} 中随机选取全局最优解 $G_r(k)$，根据局部搜索策略，利用变异后的个体最优位置对全局最优位置进行更新。由于局部搜索策略的复杂度为常数，所以 HMDPSO+算法的复杂度仍然为 $O(mN^2K_{max})$。

Procedure P_candidateS comparison
Input: particle i's individual best solution P_{ibest}
　and the kth Global best solution P_{gbest}
Output : P_{ibest} be updated
{
　for each candidate service j as $P_{ibest}(Cand_j)$ and $P_{gbest}(Cand_j)$ in P_{ibest} and P_{gbest}
　　if ($P_{gbest}(Cand_j) < P_{ibest}(Cand_j)$)
　　update $P_{ibest}(Cand_j)$ with $P_{gbest}(Cand_j)$
　　endif
　end for
}

8.3　实　验　评　价

为验证算法的有效性，将本章所使用的 HMDPSO 算法、HMDPSO+算法在四个不同规模的测试用例上进行了测试，并讨论了参数群体规模 swarm_size 和群体多样性阈值 α 对 HMDPSO 算法的影响，最后将 HMDPSO 算法、HMDPSO+算法与已提出的 MOGA 算法[56]及 NSGA-II 算法[188]进行了对比分析。实验过程中根据目标函数值的变化情况和 hyper-volume 指标[189]，对各算法的求解质量进行评价。所有算法的编程语言和执行环境：C++；a Core(TM)2，2.00GHz，3GB RAM。

8.3.1 测试用例设计和终止条件

实验设计了三种不同的抽象流程结构，对应四个不同的测试用例，对于每个测试用例，将 HMDPSO+算法和 HMDPSO 算法运行得到的解集与 NSGA-II 算法、MOGA 算法运行得到的解集进行比较。

由于所有对比算法具有相同的复杂度，所以将适应度函数评价次数作为终止条件，将它设置为 level×length×10^4，其中 level 为每个粒子位置所表示的体检项目组合服务的等级个数，length 为粒子包含的抽象服务的个数。

表 8.2 为 SDS 数据集的分布统计表，针对 SDS 数据集中七个不同的抽象体检项目集，按照三个等级进行聚类划分，分别为高性能（professional level/time 值大，price 值大）、低性能（professional level/time 值小，price 值小），以及中等性能（professional level/time 值中等，price 值中等）的聚类中心。表 8.2 中的候选体检服务分类即为七个抽象体检项目及不同等级的聚类中心，概率为聚类中心覆盖其所在抽象体检项目集中候选体检服务的比例。

第一个流程包括四个抽象体检项目集 P_1、P_2、P_3、P_4，存在选择结构，与测试用例 1 相对应，结构如图 8.5 所示。测试用例 1 中 PECS 端到端的 QoMS 属性可以通过式（8.1）～式（8.3）得到，同时根据测试用例 1 目标函数向量式（8.20）～式（8.22）得到测试用例 1 的目标函数。表 8.2 中，前四个抽象体检项目关联的候选体检服务集为测试用例 1 的实验数据。测试用例 1 的全局 MSLA 等级约束条件-Ⅰ如表 8.3 所示，分别为对白金卡和金卡用户 professional level 和 time 的最低约束，银卡用户对 professional level 和 price 的最低约束，以及对三类用户总 price 的最低约束。依据测试用例 1 的全局 MSLA 等级约束条件-Ⅰ和约束条件的公式，得到测试用例 1 的约束条件。依据终止条件设置，将测试用例 1 的适应度函数评价次数设置为 1.2×10^5，所有结果都为 10 次独立运行的平均值。

表 8.2　测试用例 1 和测试用例 2 的 SDS 数据集分布统计表

抽象体检项目	候选体检服务分类	QoMS 属性及其分布			price	抽象体检项目	候选体检服务分类	QoMS 属性及其分布			price
		prob/%	pro-level	time				prob/%	pro-level	time	
1	1	0.85	9	60	90	4	2	0.90	6	15	70
		0.05	8	50				0.05	4	20	
		0.05	6	80				0.05	3	20	
		0.05	0	0			3	0.85	1	90	5
	2	0.80	5.5	60	50			0.05	0.5	120	
		0.15	4	100				0.05	0.1	150	
		0.05	0	0				0.05	0	0	
	3	0.30	2	200	10	5	1	0.80	5.5	18	76
		0.30	3	180				0.10	2.5	23	
		0.20	1.5	250				0.10	1.4	27	
		0.20	0	0			2	0.75	3.8	25	44
2	1	0.70	2	20	50			0.25	1.5	35	
		0.30	2.3	18			3	0.85	3.1	30	30
	2	0.90	4	15	100			0.10	1	45	
		0.05	6	13				0.05	0.9	60	
		0.05	3	20		6	1	0.80	2	15	67
	3	0.70	4	25	70			0.15	1.6	22	
		0.20	3	23				0.05	0.1	25	
		0.05	2.5	30			2	0.65	4.6	35	45
		0.05	0	0				0.25	3.8	45	
3	1	0.70	1.5	30	30			0.10	2.5	50	
		0.30	2	20			3	0.85	3.1	40	30
	2	0.80	3	12	80			0.15	2.9	55	
		0.10	5	20		7	1	0.60	7.8	35	80
		0.10	0.5	80				0.25	6.5	65	
	3	0.50	1	60	10			0.15	0.6	70	
		0.30	0.5	50			2	0.70	5.6	55	51
		0.20	0	0				0.20	3.9	65	
4	1	0.75	2.5	50	20			0.10	0.3	70	
		0.20	3	55			3	0.80	1.9	140	10
		0.05	0	0				0.10	0.3	70	

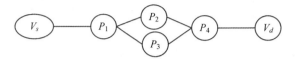

图 8.5 测试用例 1 的流程结构

表 8.3 测试用例 1 的全局 MSLA 等级约束条件-Ⅰ

用户分类	等级约束（上界/下界）			
	professional level（下界）	time（上界）	price（上界）	total price（上界）
白金卡	7	100	—	
金卡	4.6	130	—	1000
银卡	1.5	—	125	

第二个流程包括七个抽象项目集 P_1、P_2、P_3、P_4、P_5、P_6、P_7，存在两个选择结构，结构如图 8.6 所示。测试用例 2 中 PECS 端到端的 QoMS 属性可以通过式（8.1）～式（8.3）得到，同时根据测试用例 2 目标函数向量式（8.20）～式（8.22）得到测试用例 2 的目标函数。表 8.2 中所有抽象体检项目关联的候选体检服务集为测试用例 2 的实验数据。依据表 8.4 中测试用例 2 的全局 MSLA 等级约束条件-Ⅰ和约束条件的公式，得到测试用例 2 的约束条件。依据终止条件设置，将测试用例 2 的适应度函数评价次数设置为 1.2×10^5，所有结果都为 10 次独立运行的平均值。

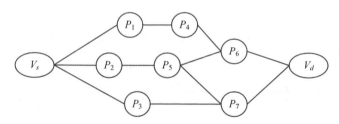

图 8.6 测试用例 2 的流程结构

第三个流程为多个抽象体检项目的顺序流程结构，与测试用例 3 和测试用例 4 相对应，测试用例 3 流程结构包含 10 个顺序连接的抽象体检项目，测试用例 4 流程结构包含 15 个顺序连接的抽象体检项目。每个抽象体检项目与表 8.5 中的候选体检服务集关联。表 8.5 中的候选体检服务分类为数据集的聚类中心，由一个抽象体检项目集按照三个等级聚类得到，测试用例 3 和测试用例 4 的数据集为表 8.5 聚类之前的抽象体检项目集。

表 8.4　测试用例 2 的全局 MSLA 等级约束条件- I

用户分类	等级约束（上界/下界）			
	professional level（下界）	time（上界）	price（上界）	total price（上界）
白金卡	7	150	—	
金卡	5	195	—	1500
银卡	1.5	—	180	

表 8.5　测试用例 3 和测试用例 4 的 SDS 数据集分布统计表

候选体检服务分类	QoMS 属性		
	professional level	time	price
1	9	55	90
2	5	90	45
3	1.8	180	18

　　表 8.6 给出了测试用例 3 和测试用例 4 每个用户分类的全局 MSLA 等级约束条件- I。分别根据测试用例 3、测试用例 4 的抽象流程结构和目标函数式（8.20）～式（8.22）得到测试用例 3、测试用例 4 的目标函数向量 Q。同样依据测试用例 3、测试用例 4 的全局 MSLA 等级约束条件- I 和约束条件的公式，分别得到测试用例 3、测试用例 4 的约束条件。依据终止条件设置，将测试用例 3 和测试用例 4 的适应度函数评价次数设置为 3.0×10^6 和 4.5×10^6，所有结果都为 10 次独立运行的平均值。

表 8.6　测试用例 3 和测试用例 4 的全局 MSLA 等级约束- I

用户分类	等级约束（上界/下界）			
	professional level（下界）	time（上界）	price（上界）	total price（上界）
白金卡	8	$90M$	—	
金卡	4.5	$110M$	—	$130M$
银卡	3.5	—	$30M$	

　　假设每个具体候选体检服务最多部署 10 个体检服务实例，则一个用户分类的体检项目组合服务的搜索空间复杂度为 $(10^3-1)^M$，其中 M 表示连续抽象体检项目的个数。那么，粒子所代表的三个用户分类为一个解的搜索空间复杂度为 $(10^3-1)^{3M}\approx1\times10^{9M}$，这一数字代表了所有可能的服务实例的组合。由此，测试用例 1

的流程结构所对应的搜索空间复杂度为 1×10^{36}，测试用例 3 的流程结构所对应的搜索空间复杂度为 1×10^{90}，测试用例 4 的流程结构所对应的搜索空间复杂度为 1×10^{135}。分析表明，即使抽象流程所涉及的抽象体检项目的数目不大，关联的具体候选体检服务数量不多，MPESS 问题的搜索空间也很巨大。

另外，为了研究不同算法对等级优先情况的处理过程，重新设置了不同等级之间的约束条件，即全局 MSLA 等级约束条件-II，如表 8.7 所示。全局 MSLA 约束条件-II 是比全局 MSLA 约束条件-I 更严格的约束条件；即提升约束条件的下界或者降低约束条件的上界。

表 8.7　全局 MSLA 等级约束条件-II

测试用例	用户分类	严格等级约束（上界/下界）			
		professional level（下界）	time（上界）	price（上界）	total price（上界）
测试用例 1	白金卡	8	70	—	1000
	金卡	4.5	100	—	
	银卡	3	—	200	
测试用例 2	白金卡	8.5	150	—	1300
	金卡	5.5	180	—	
	银卡	3	—	300	
测试用例 3/测试用例 4	白金卡	9	$65M$	—	100M
	金卡	5	$100M$	—	
	银卡	3	—	$50M$	

8.3.2　与已提出的相关算法对比

对于 MPESS 问题，将 HMDPSO 算法和 HMDPSO+算法与已提出的 MOGA 算法及 NSGA-II 算法在前文构造的四个不同抽象流程结构、不同规模的测试用例上进行对比。HMDPSO 算法和 HMDPSO+算法的参数设置及终止条件设定与 8.3.1 节相同。实验将分三部分进行展示：第一部分展示所有对比算法对目标的优化程度和优化效果，以及解集的分布情况；第二部分展示所有算法在不同测试用例上所得解集 hyper-volume 值的对比；第三部分展示在等级优先条件下各算法所求解集违约程度的对比。

（1）目标的优化。

在这部分中，将对比算法在前文设定的所有测试用例上独立运行 20 次，每次运行得到包含问题的 100 个可行解解集，并且计算这些解集的 hyper-volume 值，将每个算法所得 hyper-volum 的最大值对应的解集进行分析。解集中的每个解都与三个目标函数相关联，并且对每个目标值进行归一化处理，目标值越大则效果越好。与所有算法解集相关的三个目标的平均值、标准差的统计结果总结如表 8.8 所示。用双尾 t 检验验证所有对比算法解集的所有解的三个目标是否存在显著差异，t 检验的自由度为 99，显著性水平为 $\alpha=0.05$。从表 8.8 中，能看到 HMDPSO+ 算法的所有三个目标明显好于 HMDPSO 算法、MOGA 算法及 NSGA-II 算法。HMDPSO+算法与 HMDPSO 算法、MOGA 算法、NSGA-II 算法之间 t-统计量的值由表 8.8 的 t-检验值列给出，t-统计量的值表明在 5% 的显著性水平下，HMDPSO+ 算法所得解集三个目标的平均值与其他对比算法解集三个目标的平均值存在明显差异。所以，在所有测试用例上，HMDPSO+算法产生的解的目标值明显好于 HMDPSO 算法、MOGA 算法、NSGA-II 算法产生解的目标值，这一结论在图 8.7 中得到进一步的验证。

表 8.8   不同算法关于解集中解目标值的性能对比

测试用例	项目	算法	price	t-检验值	time	t-检验值	Professional level	t-检验值
测试用例 1	平均值（标准差）	NSGA-II	0.2332(0.2011)	12.23	0.3163(0.1574)	25.37	0.2197(0.1797)	14.225
		MOGA	0.3582(0.2132)	7.452	0.6055(0.2197)	9.257	0.3161(0.1681)	7.0123
		HMDPSO	0.3236(0.2263)	9.213	0.5364(0.1932)	12.68	0.3218(0.1553)	7.891
		HMDPSO+	0.6126(0.1597)	—	0.8332(0.1305)	—	0.5001(0.1450)	—
测试用例 2	平均值（标准差）	NSGA-II	0.3398(0.2349)	7.106	0.2132(0.1586)	11.816	0.2204(0.1573)	14.153
		MOGA	0.4160(0.2674)	6.087	0.3051(0.2504)	7.618	0.2505(0.1836)	12.121
		HMDPSO	0.4513(0.2535)	5.024	0.3794(0.2010)	5.476	0.4263(0.2169)	5.121
		HMDPSO+	0.6295(0.1933)	—	0.5689(0.2361)	—	0.5768(0.2001)	—
测试用例 3	平均值（标准差）	NSGA-II	0.2902(0.2069)	9.015	0.3649(0.1862)	24.156	0.2402(0.1784)	9.342
		MOGA	0.3761(0.2287)	6.813	0.4771(0.1762)	19.348	0.3416(0.2536)	5.151
		HMDPSO	0.4086(0.2130)	6.253	0.5412(0.2192)	13.425	0.3637(0.1837)	6.031
		HMDPSO+	0.6240(0.2328)	—	0.8386(0.1471)	—	0.5143(0.1862)	—
测试用例 4	平均值（标准差）	NSGA-II	0.3394(0.2051)	9.057	0.3614(0.1840)	37.53	0.2743(0.1738)	9.644
		MOGA	0.4389(0.2355)	6.178	0.4701(0.1549)	33.428	0.3292(0.1883)	7.532
		HMDPSO	0.4096(0.1856)	8.672	0.3908(0.1339)	35.58	0.4868(0.2044)	1.937
		HMDPSO+	0.6708(0.2049)	—	0.8736(0.0864)	—	0.5540(0.1946)	—

　　根据不同的测试用例，将 hyper-volume 值最大解集的所有解绘制到三维坐标系中，如图 8.7 所示。

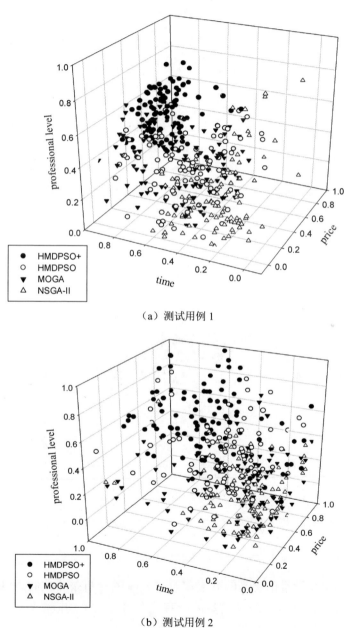

（a）测试用例 1

（b）测试用例 2

图 8.7（一）　目标空间中解集的分布图

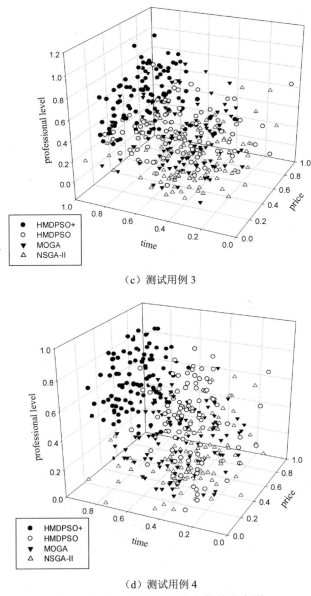

（c）测试用例 3

（d）测试用例 4

图 8.7（二）　目标空间中解集的分布图

　　从图 8.7 中可以看出解集的效果和表 8.8 中的分析是一致的。以测试用例 1 为例，表 8.8 中 HMDPSO+算法解集的所有三个目标的平均值都好于 HMDPSO 算法、MOGA 算法和 NSGA-II 算法的解集的所有三个目标的平均值，相应地，图 8.7 中 HMDPSO+算法解集的所有解分布坐标系中坐标大于其他对比算法的区域。所有三个目标的标准差的值反映了解分布的集中程度，从图 8.7 中可以看出 HMDPSO+算法在测试用例 1 上的解集分布相对集中，而在测试用例 2 上的解集分布较为分散，这是由于 HMDPSO+算法在测试用例 1 上的解集关于三个目标的值的标准差都较小，而 HMDPSO+算法在测试用例 2 上的解集关于三个目标值的标准差都较大。并且 HMDPSO+算法在所有测试用例上，相较于对比算法，解集都更为集中，主要是由于来自 HMDPSO+算法解集的大多数标准差都较小。

所有三个目标的 t-检验值代表了显著差异的水平，t-检验值越大，差异也就越大。由表 8.8 可知，与 MOGA 算法和 NSGA-Ⅱ算法相比，HMDPSO+算法与 NSGA-II 算法所得解集在所有三个目标上差异最大；相应地，在图 8.7 中可以看出，由 NSGA-II 算法获得的解集大致分布在离 HMDPSO+算法所得解集最远的区域。表 8.8 中 HMDPSO+/HMDPSO 算法所有三个目标间的 t-检验值与 HMDPSO+/MOGA 算法所有三个目标间的 t-检验值多数情况下大小相近，所以来自 HMDPSO 算法的解集与来自 MOGA 算法的解集部分重叠，并且它们解集的分布与 HMDPSO+算法解集分布的距离大致相当。表 8.8 测试用例 4 中 HMDPSO+算法与 HMDPSO 算法、MOGA 算法和 NSGA-II 算法在关于目标函数 time 的 t-检验值，是不同测试用例中所有三个目标间 t-检验值中最大的；相应地，在图 8.7 中可以看出在 time 轴上，HMDPSO+算法的解集与 HMDPSO 算法、MOGA 算法和 NSGA-II 算法的解集相距最远。按照类似的分析，对于其他测试用例，HMDPSO+算法同样远远优于 HMDPSO 算法、MOGA 算法及 NSGA-II 算法，而且这种优势越来越明显。

这些结果表明与 HMDPSO 算法、MOGA 算法、NSGA-II 算法相比，在不同的流程结构和不同规模的 MPESS 问题中，融入局部搜索策略的 HMDPSO+算法具有强大的搜索能力和稳定的收敛特征。

（2）hyper-volume 值的比较。

在这部分中，将所有算法在四个不同流程结构和不同规模的测试用例上运行 20 次，保留每次运行得到的解集的 hyper-volume 的最大值并进行比较。表 8.9 给出了每个算法在所有测试用例上运行得到解集的 hyper-volume 的最大值、最小值、平均值和变异系数（CV）。变异系数是一种相对变异的度量，等于标准差除以平均值，即 $CV=\sigma/\mu$，其中 σ 和 μ 分别为 QoMS 属性值的标准差和平均值；变异系数小则说明所有运行结果的 hyper-volume 值分布较为均匀，偏差较小；变异系数较大则说明 hyper-volume 值之间差别较大。从表 8.9 中能看出来对于每个测试用例，HMDPSO 算法所得解集的 hyper-volume 最大值、最小值和平均值都比 MOGA 算法和 NSGA-II 算法的相应值大，同时 HMDPSO+算法求得解集的各 hyper-volume 值的统计值均大于 HMDPSO 算法的相应值。而且在所有测试用例中，HMDPSO+算法的变异系数最小。因此认为对于不同结构和规模的测试用例，HMDPSO 算法比 MOGA 算法和 NSGA-II 算法优化效果更明显；而与 HMDPSO 算法相比，HMDPSO+算法具有更强的稳定性和更好的优化效果。

表 8.9   不同算法 hyper-volume 值对比[最大值/最小值/平均值(变异系数)]

算法	测试用例 1	测试用例 2
NSGA-II	0.15254/0.03524/0.08923 (0.31047)	0.19184/0.00439/0.08604(0.5182)
MOGA	0.2452/0.10513/0.17618(0.25902)	0.34718/0.07922/0.21268(0.41832)
HMDPSO	0.39341/0.22405/0.27948(0.1513)	0.41114/0.23188/0.31553(0.17945)
HMDPSO+	0.48452/0.28825/0.39574 (0.11902)	0.56912/0.37951/0.45992 (0.13365)
算法	测试用例 3	测试用例 4
NSGA-II	1.8126/0.12941/0.74331(0.64337)	1.25728/0.01745/0.3213(0.87166)
MOGA	2.91741/0.17795/1.5312(0.52976)	2.03287/0.21825/1.03726(0.54841)
HMDPSO	3.32961/1.21882/2.47952(0.42245)	3.13822/1.18048/2.0711(0.287435)
HMDPSO+	4.81221/2.28362/3.6611(0.25512)	4.95841/ 2.27681/3.6871(0.13993)

其稳定性和优化效果在图 8.8 中得到进一步的证明，图中明确显示了每个测试用例上所有算法的 hyper-volume 值分布图。它给出了每种算法的 hyper-volume 值分布，包括最小观察值、低四分位值、中位值、高四分位值和最大观察值。

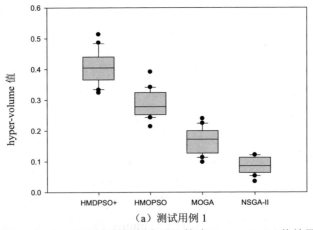

（a）测试用例 1

图 8.8（一）   不同测试用例中对比算法 hyper-volume 值结果统计

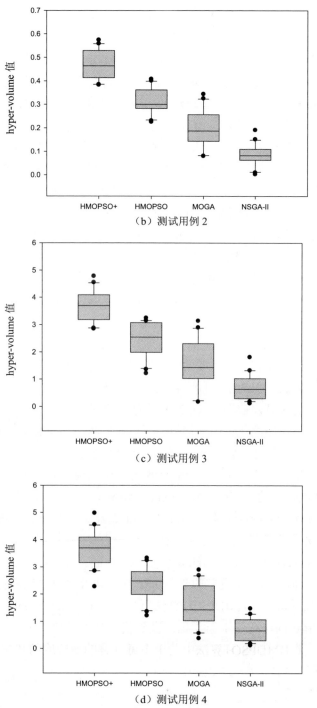

（b）测试用例 2

（c）测试用例 3

（d）测试用例 4

图 8.8（二）　不同测试用例中对比算法 hyper-volume 值结果统计

另外，图 8.8 还显示了与 MOGA 算法和 NSGA-II 算法对比，HMDPSO 算法在所有测试用例上 hyper-volume 值的显著优越性，同时 HMDPSO+算法进一步提升了 HMDPSO 算法的优化效果。这主要是因为 HMDPSO 算法的粒子更新策略使粒子跟随个体最优和全局最优解运动，在全局范围内搜索；粒子变异策略使粒子搜索不易陷入局部最优；与 MOGA 算法和 NSGA-II 算法相比，HMDPSO 算法中的适应度函数提高了区分个体适应度值的精度，防止 MOGA 算法和 NSGA-II 算法中效用相同但是存在差别的优良个体被淘汰。当这种个体为不可行解时，HMDPSO 算法可以加速可行解的查找；当这种个体为可行解时，HMDPSO 算法能提高解集的优化效果。与 HMDPSO 算法相比，HMDPSO+算法中的局部搜索策略通过提高每个候选体检服务的 QoMS 属性特征来提升粒子位置所代表解的 QoMS 属性，使得该算法能更快地找到问题的可行解，并且不断优化。

（3）等级优先效果的比较。

根据白金卡、金卡、银卡的不同优先级别，第 6 章所设定的违反不同等级约束的代价以及不可行解的违约代价的 punishment_cost 计算式（6.28），对 HMDPSO+算法不可行解集的代价值进行测试，并且与第 6 章中所有算法进行比较。同样 punishment_cost 值越小，在等级优先条件下违反约束程度越小。将所有算法在 8.3.1 节所设置的四个不同结构和不同规模的测试用例上运行 20 次，参数设置和终止条件如测试用例所设置的，但约束条件设置为全局 MSLA 等级约束条件-II。对于各算法所求解集中的每个解，依据式（6.28）计算违约代价 punishment_cost，并且解集的违约代价为所有解违约代价的平均值。结果分为两个方面展示：第一个方面为 HMDPSO+算法随迭代次数的增加 punishment_cost 的变化情况，即基于等级优先的算法求解过程，所有算法每次运行得到最小解集 punishment_cost 值；第二个方面为所有算法运行 20 次得到的所有最小解集 punishment_cost 之间的比较。

图 8.9 中，HMDPSO+算法关于 punishment_cost 的收敛曲线为算法在四个不同的测试用例上所求的解集 punishment_cost 随迭代的变化情况。由于全局 MSLA 等级约束条件-II 对每个测试用例的约束程度不尽相同，所以图中曲线收敛到不同的 punishment_cost 值，但是由这些收敛值大于 0 的情况可以看出所得解集不全为可行解。随着迭代的进行，HMDPSO+算法所求解集的 punishment_cost 值越来越小，即解集中的解在向可行解不断靠拢，直到找不到可行解。另外，图中的曲线存在波动，这主要是 HMDPSO+算法中关于不可行解的适应度函数与 punishment_cost 函数不一致引起的。

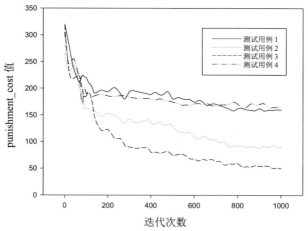

图 8.9　HMDPSO+算法关于 punishment_cost 的收敛曲线

对于不同算法在各个不同测试用例上 punishment_cost 值的比较，表 8.10 给出了所有算法在每个测试用例上运行 20 次所得 punishment_cost 值的各个统计量，即最大值、最小值、平均值和标准差。从表 8.10 中可以看出，HMDPSO+算法关于 punishment_cost 的最大值、最小值和平均值都比其他对比算法的相应值小，则 HMDPSO+算法所求解集的解的违约程度最小，并且标准差也是所有算法中最小的。因此认为 HMDPSO+算法比其他对比算法稳定性高，而且在等级优先条件下求解质量显著。这种稳定性或有效性在图 8.10 中得到进一步证明，图中明确显示了每个测试用例上所有算法的违约代价 punishment_cost 的统计图，包括最大观察值、低四分位值、中位值、高四分位值和最大观察值。

表 8.10　不同算法 punishment_cost 值对比[最大值/最小值/平均值(标准差)]

算法	测试用例 1	测试用例 2
NSGA-II	221.5/195.4/207.635(5.6179)	123.4/115.8/118.581(2.0218)
MOGA	197.6/186.9/192.251(3.4383)	111.2/103.8/106.855(1.5858)
HMDPSO	181.2/165.3/174.311(2.8112)	99.2/93.5/96.575(1.15224)
HMDPSO+	172.5/160.2/168.105 (2.6551)	96.6/89.8/91.9212 (1.2569)
算法	测试用例 3	测试用例 4
NSGA-II	89.5/80.6/84.543(1.9665)	221.2/208.5/213.65(1.9411)
MOGA	78.2/69.5/74.322(2.1731)	201.5/187.2/192.555(2.2005)
HMDPSO	65.4/54.5/61.035(2.6351)	183.2/170.2/176.52(3.8365)
HMDPSO+	58.2/52.1/55.675(1.8032)	173.2/ 165.2/168.64(1.6053)

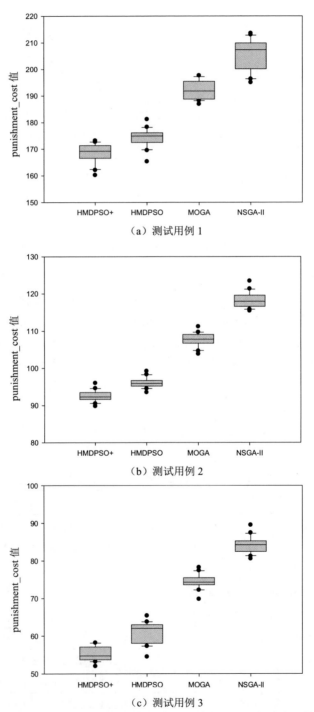

（a）测试用例 1

（b）测试用例 2

（c）测试用例 3

图 8.10（一） 不同测试用例中对比算法的违约代价结果统计

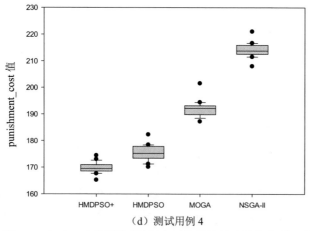

（d）测试用例 4

图 8.10（二）　不同测试用例中对比算法的违约代价结果统计

8.4　本　章　小　结

　　针对 MSLA 等级感知体检项目服务选取问题，本章利用第 6 章的 HMDPSO 算法和 HMDPSO+算法进行求解。在 HMDPSO 算法中，重新定义了粒子位置，沿用 HMDPSO 算法离散粒子更新策略、粒子变异策略、适应度函数计算方法进行解的搜索。在 HMDPSO+算法中，重新定义了局部搜索策略，它利用候选体检服务约束支配关系从局部改善粒子位置对约束的满足程度，加快问题可行解的查找速度。最后，将这两个算法在不同规模的测试实例上进行测试，并且与已提出的 MOGA 算法、NSGA-II 算法进行对比，结果表明 HMDPSO+算法在求解集质量方面效果显著。

参 考 文 献

[1]   陈宝林. 最优化理论与算法[M]. 北京：清华大学出版社，2005.

[2]   王凌. 智能优化算法及其应用[M]. 柏林：施普林格出版社，2001.

[3]   DEEPA O, SENTHILKUMAR A. Swarm Intelligence from Natural to Artificial Systems: Ant Colony Optimization[J]. International Journal on Applications of Graph Theory in Wireless Ad Hoc Networks and Sensor Networks, 2016, 8(1): 9-17.

[4]   KENNEDY J, EBERHART R. Particle Swarm Optimization[C]//Proceedings of ICNN'95: International Conference on Neural Networks, November 27-December 1, 1995, Perth, Western Australia, Australia. Princeton: IEEE, 1995: 1942-1948.

[5]   DORIGO M, BIRATTARI M, STUTZLE T. Ant Colony Optimization: Artificial Ants as a Computational Intelligence Technique[J]. IEEE Computational Intelligence Magazine, 2006, 1(4): 28-39.

[6]   AKBARI R, MOHAMMADI R, ZIARATI R. A Novel Bee Swarm Optimization Algorithm for Numerical Function Optimization[J]. Communications in Nonlinear Science and Numerical Simulation, 2010, 15(10): 3142-3155.

[7]   KIRAN M S, BABALIK A. Improved Artificial Bee Colony Algorithm for Continuous Optimization Problems[J]. Journal of Computer and Communications, 2014, 2(4): 108-116.

[8]   KARABOGA D, BASTURK B. A Powerful and Efficient Algorithm for Numerical Function Optimization: Artificial Bee Colony (ABC) Algorithm[J]. Journal of Global Optimization, 2007, 39(3): 459-471.

[9]   李晓磊, 邵之江, 钱积新. 一种基于动物自治体的寻优模式：鱼群算法[J]. 系统工程理论与实践，2002，22（11）：32-38.

[10]   MALIK M R S, MOHIDEEN E R, Ali L, et al. Weighted Distance Grey Wolf Optimizer to Control Air Pollution of Delhi Thermal Power Plant[J]. Journal of

Industrial Pollution Control, 2016, 32(1): 361-367.

[11] AMIRSADRI S, MOUSAVIRAD S J, EBRAHIMPOUR-KOMLEH H. A Levy Flight-Based Grey Wolf Optimizer Combined With Back-Propagation Algorithm for Neural Network Training [J]. Neural Computing and Applications, 2018, 30(12): 3707-3720.

[12] MIRJALILI S, MIRJALILI S M, LEWIS A D. Grey Wolf Optimizer [J]. Advances in Engineering Software, 2014, 69(3): 46-61.

[13] YANG X S. Firefly Algorithms for Multimodal Optimization[J].Stochastic Algorithms: Foundations and Applications: SAGA 2009: Lecture Notes in Computer Sciences. 2009, 5792: 169-178.

[14] 李煜，马良. 新型元启发式布谷鸟搜索算法[J]. 系统工程，2012，30（8）：65-70.

[15] 吕磊，章国宝，黄永明. 基于蝙蝠算法的 PID 参数整定[J]. 控制工程，2017，24（3）：548-553.

[16] REYNOLDS C W. Flocks, Herds and Schools: A Distributed Behavioral Model[J]. ACM SIGGRAPH Computer Graphics, 1987, 21(4): 25-34.

[17] KENNEDY J. The Particle Swarm: Social Adaptation of Knowledge[C] //Proceedings of 1997 IEEE International Conference on Evolutionary Computation: ICEC'97, April 13-16, 1997, Indianapolis, Indiana, USA. New York: IEEE, 1997: 303-308.

[18] 杨胜文，史美林. 一种支持 QoS 约束的 Web 服务发现模型[J]. 计算机学报，2005，28（4）：589-594.

[19] W3C Working Group Note. Web Services Architecture Requirement[EB/OL]. （2004-02-11）[2024-08-21].http: //www.w3.org/TR/wsa-reqs/.

[20] 阳红星，彭志红. 基于 Web 的 XML Web Service 的研究[J]. 东华理工大学学报：自然科学版，2003，26（4）：387-393.

[21] Mockford K. Web Services Architecture[J]. BT Technology Journal, 2004, 22(1): 19-26.

[22] 王明文，朱清新，卿利. Web 服务架构[J]. 计算机应用研究，2005，22（3）：93-94，112.

[23] 叶钰，应时，李伟斋，等. 面向服务体系结构及其系统构建研究[J]. 计算

机应用研究，2005，22（2）：32-34.

[24] PATIL A, OUNDHAKAR S, SHETH A, et al. METEOR-S Web Services Annotation Framework[J]. Proceedings of the 13th International Conference on World Wide Web, 2004(5)：17-20.

[25] JUNG J, RYU K,RDH B. Personalized Service Composition and Provision System Based on User-Centered Scenarios[J].Journal of KIISE: Computing Practices and Letters, 2009, 15(9): 649-660.

[26] CASATI F, SAYAL M, SHAN M C. Developing E-Services for Composing E-Services[J]. International Conference on Advanced Information Systems Engineering, 2001(4): 171-186.

[27] 史美林，杨光信，向勇，等．WFMS：工作流管理系统[J]．计算机学报，1999，22（3）：325-334.

[28] 孙健，张鹏．基于 Petri 网的 Web 服务流语言（WSFL）建模与分析[J]．小型微型计算机系统，2004，25（7）：1382-1386.

[29] MENDLING J. Business Process Execution Language for Web Services: BPEL[J]. Emisa Forum, 2006, 26: 78-94.

[30] PISTORE M, MARCONI A, BERTOLI P, et al. Automated Composition of Web Services By Planning At the Knowledge Level[C]//IJCAI'05: Proceedings of the 19th International Joint Conference on Artificial Intelligence, July 30-August 5, 2005, Edinburgh, Scotland, UK. UK: Cambridge University Press, 2005: 1252-1259.

[31] LIU Y, NGU A H, ZENG L Z. QoS Computation and Policing In Dynamic Web Service Selection[C]//Proceedings of the 13th International World Wide Web Conference on Alternate Track Papers and Posters, May 17-20, 2004, Watson Research Center, Yorktown Heights, New York. New York: ACM, 2004: 66-73.

[32] YU Q, REGE M, BOUGUETTAYA A, et al. A Two-Phase Framework for Quality-Aware Web Service Selection[J]. Service Oriented Computing and Applications, 2010, 4(2): 63-79.

[33] MOHAMMAD A, THOMAS R. Combining Global Optimization with Local Selection for Efficient QoS-Aware Service Composition [C]//Proceedings of the 18th International Conference on World Wide Web, April 20-24, 2009, Madrid,

Spain. New York: ACM, 2009: 881-890.

[34] MOHAMMAD A, DIMITRIOS S, Thomas R. Selecting Skyline Services for QoS Based Web Service Composition [C]//International World Wide Web Conference 2010, April 26-30, 2010, Raleigh, North Carolina, USA. Berlin: Springer, 2010: 26-30.

[35] 郭慧鹏，怀进鹏，邓婷，等. 一种可信的自适应服务组合机制[J]. 计算机学报，2008，31（8）：1434-1445.

[36] HADDAD J E, MANOUVRIER M, RUKOZ M. TqoS: Transactional and QoS-Aware Selection Algorithm for Automatic Web Service Composition[J]. IEEE Transactions on Services Computing, 2010, 3(1): 16-29.

[37] 王显志，徐晓飞，王忠杰. 面向组合服务收益优化的动态服务选择方法[J]. 计算机学报，2010，33（11）：2104-2115.

[38] FUDZEE M F M, ABAWAJY J H. QoS-Based Adaption Service Selection Broker[J]. Future Generation Computer System, 2011, 27(3): 256-264.

[39] PAGANELLI F, AMBRA T, PARLANTI D. A QoS-Aware Service Composition Approach Based on Semantic Annotations and Integer Programming[J]. International Journal of Web Information Systems, 2012, 8(3): 296-321.

[40] ZENG L, BENATALLAH B, NGU A H H, et al. QoS-Aware Middleware for Web Services Composition[J]. IEEE Transactions on Software Engineering, 2004, 30(5): 311-327.

[41] 叶世阳，魏峻，李磊，等. 支持服务关联的组合服务选择方法研究[J]. 计算机学报，2008，31（8）：1383-1397.

[42] DAI Y, YANG L, ZHANG B. QoS-Driven Self-Healing Web Service Composition Based on Performance Prediction[J]. Journal of Computer Science and Technology, 2009, 24(2): 250-261.

[43] ALRIFAI M, SKOUTAS D, RISSE T. Selecting Skyline Services for QoS-Based Web Service Composition[C]//International World Wide Web Conference 2010, April 26-30, 2010, Raleigh, North Carolina, USA. Berlin: Springer, 2010: 11-20.

[44] 吴建，陈亮，邓水光，等. 基于 Skyline 的 QoS 感知的动态服务选择[J]. 计算机学报，33（11）：2136-2146.

[45] 胡建强，李涓子，廖桂平. 一种基于多维服务质量的局部最优服务选择模

型[J]. 计算机学报，2010，33（3）：526-534.

[46] 刘书雷，刘云翔，张帆，等. 一种服务聚合中 QoS 全局最优服务动态选择算法[J]. 软件学报，2007，18（3）：646-656.

[47] 倪晚成，刘连臣，吴澄，等. 基于概念关联程度的网格服务组合方法[J]. 清华大学学报：自然科学版，2007，47（10）：1581-1585.

[48] 蒋哲远，韩江洪，王钊. 动态的 QoS 感知 Web 服务选择和组合优化模型[J]. 计算机学报，2009, 32（5）：1014-1025.

[49] 陈彦萍，张建科，孙家泽，等. 一种基于混合智能优化的服务选择模型[J]. 计算机学报，2010，33（11）：2116-2125.

[50] YU Q, BOUGUETTAYA A. Computing Service Skyline from Uncertain Qows[J]. IEEE Transactions on Services Computing, 2010, 3(1): 16-29.

[51] 夏亚梅. 动态服务组合中的若干关键技术研究[D]. 北京：北京邮电大学，2009.

[52] 夏亚梅，程渤，陈俊亮，等. 基于改进蚁群算法的服务组合优化[J]. 计算机学报，2012，35（2）：2270-2281.

[53] 温涛，盛国军，郭权，等. 基于改进粒子群算法的 Web 服务组合[J]. 计算机学报，2013，36（5）：1031-1046.

[54] ZHANG C, SU S, CHEN J. DiGA: Population Diversity Handling Genetic Algorithm for QoS-Aware Web Services Selection[J]. Computer Communications, 2007, 30(5): 1082-1090.

[55] FAN X Q, FANG X W, Jiang C J. Research on Web Service Selection Based on Cooperative Evolution[J]. Expert Systems with Applications, 2011, 38(8): 9736-9743.

[56] WADA H, SUZUKI J, YAMANO Y, et al. E³: A Multiobjective Optimization Framework for SLA-Aware Service Composition[J]. IEEE Transactions on Services Computing, 2012, 5(3): 358-372.

[57] 钱玲. 常用健康体检项目解析[M]. 北京：现代出版社，2008.

[58] 赵楠，梁英，谭志军，等. 中外健康体检项目比较分析[J]. 现代生物医学进展，2013, 13（11）：2135-2141.

[59] 江秀琴，洪清慧. 健康体检者体检项目漏检的原因与对策[J]. 护士进修杂志，2014，29（4）：375-376.

[60] CLERC M, KENNEDY J. The Particle Swarm: Explosion, Stability, and Convergence in a Multidimensional Complex Space[J]. IEEE Transactions on Evolutionary Computation, 2002, 6(1): 58-73.

[61] CLERC M. Discrete Particle Swarm Optimization, Illustrated by the Traveling Salesman Problem[J]. New Optimization Techniques in Engineering, 2004, 141: 219-239.

[62] SCHOOFS L, NAUDTS B. Swarm Intelligence on the Binary Constraint Satisfaction Problem[C]//Proceedings of the 2002 Congress on Evolutionary Computation, May 12-17, 2002, Honolulu, Hawaii, USA. New York: IEEE, 2002: 1444-1449.

[63] RAMESHKUMAR K, SURESH R K, MYLSAMY M, et al. Discrete Particle Swarm Optimization (DPSO) Algorithm for Permutation Flowshop Scheduling to Minimize Makespan[C]//In Proceedings of the International Conference on Natural Computing 2005: ICNC 2005, August 27-29, 2005, Changsha, China. Berlin: Springer, 2005: 572-581.

[64] YANG Q, SUN J, ZHANG J, et al. A Hybrid Discrete Particle Swarm Algorithm for Open-Shop Problems[J]. Simulated Evolution and Learning, 2006, 4247: 158-165.

[65] XIA W, WU Z. An Effective Hybrid Optimization Approach for Multi-Objective Flexible Job-Shop Scheduling Problems[J]. Computers and Industrial Engineering, 2005, 48(2): 409-425.

[66] CHEN A, YANG G, Wu Z. Hybrid Discrete Particle Swarm Optimization Algorithm for Capacitated Vehicle Routing Problem[J]. Journal of Zhejiang University SCIENCE A, 2006, 7(4): 607-614.

[67] HU X, EBERHART R C, SHI Y. Swarm Intelligence for Permutation Optimization: a Case Study on N-Queens Problem[C]//In Proceedings of the IEEE Swarm Intelligence Symposium 2003: SIS 2003, April 24-26, 2003, Indianapolis, Indiana, USA. New York: IEEE, 2003, 243-246.

[68] SHI Y, EBERHART R C. Parameter Selection in Particle Swarm Optimization[M]. Berlin: Springer, 1998.

[69] KENNEDY J. Small Worlds and Mega-Minds: Effects of Neighborhood

Topology on Particle Swarm Performance[C]//Congress on Evolutionary Computation, July 6-9, 1999, Washington, District of Columbia, USA.New York: IEEE, 1999: 1931-1938.

[70] KENNEDY J, MENDES R. Population Structure and Particle Swarm Performance [C]//Proceedings of the 2002 Congress on Evolutionary Computation, May 12-17, 2002, Piscataway, New Jersey, USA.New York: IEEE, 2002: 1671-1676.

[71] MENDES R, KENNEDY J. The Full Informed Particle Swarm: Simpler, Maybe Better[J]. IEEE Transactions on Evolutionary Computation, 2004, 8(3): 204-210.

[72] MENDES R. Population Topologies and Their Influence in Particle Swarm Performance[D]. Portugal: University of Minho, 2004.

[73] YEN G G, LU H. Dynamic Population Strategy Assisted Particle Swarm Optimization[C]// Proceedings of the 2003 IEEE International Symposium on Intelligent Control, October 5-8, 2003, Houston, Texas, USA.New York: IEEE, 2003: 697-702.

[74] MOHAIS A S, Ward C, Posthoff C. Randomized Directed Neighborhoods with Edge Migration in Particle Swarm Optimization[C]//Congress on Evolutionary Computation, June 19-23, 2004, Portland, Oregon, USA.New York: IEEE, 2004: 548-555.

[75] ZHANG K, HUANG Q, ZHANG Y. Enhancing Comprehensive Learning Particle Swarm Optimization with Local Optima Topology[J]. Information Sciences, 2018, 471: 1-18.

[76] LYNN N, ALI M Z, SUGANTHAN P N. Population Topologies for Particle Swarm Optimization and Differential Evolution[J]. Swarm and Evolutionary Computation, 2018, 39: 24-35.

[77] BONYADI M R, Li X, MICHALEWICZ Z. A Hybrid Particle Swarm with a Time-Adaptive Topology for Constrained Optimization[J]. Swarm and Evolutionary Computation, 2014, 18: 22-37.

[78] LIN A P, SUN W, YU H S, et al. Global Genetic Learning Particle Swarm Optimization with Diversity Enhancement by Ring Topology[J]. Swarm and Evolutionary Computation, 2019, 44: 571-583.

[79]   CHIH M, LIN C J, CHERN M S, et al. Particle Swarm Optimization with Time-Varying Acceleration Coefficients for the Multidimensional Knapsack Problem[J]. Applied Mathematical Modelling, 2014, 38(4): 1338-1350.

[80]   LIM W H, ISA N A M. Particle Swarm Optimization with Increasing Topology Connectivity[J]. Engineering Applications of Artificial Intelligence, 2014, 27: 80-102.

[81]   JIANG B, WANG N, WANG L. Particle Swarm Optimization with Age-Group Topology for Multimodal Functions and Data Clustering[J]. Communications in Nonlinear Science and Numerical Simulation, 2013, 18(11): 3134-3145.

[82]   LIANG J J, SUGANTHAN P N. Dynamic Multi-Swarm Particle Swarm Optimizer Withlocal Search[C]// 2006 IEEE International Conference on Evolutionary Computation. Vancouver, British Columbia, Canada: IEEE, 2005: 522-528.

[83]   CHIH M. Self-Adaptive Check and Repair Operator-Based Particle Swarm Optimization for the Multidimensional Knapsack Problem[J].Applied Soft Computing, 2015, 26: 378-389.

[84]   LI S F, CHENG C Y. Particle Swarm Optimization with Fitness Adjustment Parameters[J]. Computersand Industrial Engineering, 2017, 113(11): 831-841.

[85]   MEWAEL I, MOHAMED G. Self-Adapting Control Parameters in Particle Swarm Optimization[J]. Applied Soft Computing, 2019, 83(10): 105653.

[86]   MEWAEL I, MOHAMED G. Sensitivity Analysis of Control Parameters in Particle Swarm Optimization[J]. Journal of Computational Science, 2020, 41(3): 101086.

[87]   TANWEER M, SURESH S, Sundararajan N. Self Regulating Particle Swarm Optimization Algorithm[J].Information Sciences, 2015, 294: 182-202.

[88]   ARDIZZON G, CAVAZZINI G, PAVESI G. Adaptive Acceleration Coefficients for a New Search Diversification Strategy in Particle Swarm Optimization Algorithms[J]. Information Sciences, 2015, 299: 337-378.

[89]   JUANG Y, TUNG S, CHIU H. Adaptive Fuzzy Particle Swarm Optimization for Global Optimization of Multimodal Functions[J]. Information Sciences, 2011, 181 (20): 4539-4549.

[90] PRADEEPMON T G, PANICKER V V, Sridharan R. Parameter Selection of Discrete Particle Swarm Optimization Algorithm for the Quadratic Assignment Problems[J]. Procedia Technology, 2016, 25: 998-1005.

[91] CREPINSEK M, LIU S H, MERNIK M. Exploration and Exploitation Inevolutionary Algorithms: a Survey[J]. ACM Computing Survery, 2013, 45(3): 1-33.

[92] ZHANG L M, TANG Y G, HUA C C, et al. A New Particle Swarm Optimization Algorithm with Adaptive Inertia Weight Based on Bayesian Techniques[J]. Applied Soft Computing, 2015, 28: 138-149.

[93] ZHAN Z H, ZHANG J, Adaptive Particle Swarm Optimization[J]. IEEE Systems, Man and Cybernetics Society, 2009, 39(6): 1362-1381.

[94] TANWEER M R, SURESH S, SUNDARARAJAN N. Dynamic Mentoring and Self-Regulation Based Particle Swarm Optimization Algorithm for Solving Complex Real-World Optimization Problems[J]. Information Sciences, 2016, 326: 1-24.

[95] TANWEER M R, AUDITYA R, SURESH S, et al. Directionally Driven Self-Regulating Particle Swarm Optimization Algorithm[J]. Swarm and Evolutionary Computation, 2016, 28: 98-116.

[96] MANOELA K, MARLEY M, RICARDO T. PSO+: A New Particle Swarm Optimization Algorithm for Constrained Problems[J]. Applied Soft Computing Journal, 2019, 85: 865-873.

[97] CHENG R, JIN Y. A Social Learning Particle Swarm Optimization Algorithm for Scalable Optimization[J]. Information Sciences, 2015, 291: 43-60.

[98] XU H, YANG Y G, MAO L, et al. Improvement on PSO with Dimension Update and Mutation[J]. Journal of Software, 2013, 8(4): 827-833.

[99] KOON M A, WEI H L, ISA M A N, et al. A Constrained Multi-Swarm Particle Swarm Optimization without Velocity for Constrained Optimization Problems[J]. Expert Systems with Applications, 2020, 140: 112-120.

[100] WU G, QIU D, YU Y, et al. Superior Solution Guided Particle Swarm Optimization Combined with Local Search Techniques[J]. Expert Systems with Applications, 2014, 41(16): 7536-7548.

[101] HE S, WU Q H, WEN J, et al. A Particle Swarm Optimizer with Passive Congregation[J]. BioSystems, 2004, 78(1): 135-147.

[102] WANG H, JIN Y, DOHERTY J. Committee-Based Active Learning for Surrogate-Assisted Particle Swarm Optimization of Expensive Problems[J]. IEEE Transactions on Cybernetics, 2017, 47(9): 2664-2677.

[103] NASIR M, DAS S, MAITY D, et al. A Dynamic Neighborhood Learning Based Particle Swarm Optimizer for Global Numerical Optimization[J]. Information Sciences, 2012, 209(1): 16-36.

[104] YU X, ZHANG X. Enhanced Comprehensive Learning Particle Swarm Optimization[J]. Applied Mathematics and Computation, 2014, 242: 265-276.

[105] Yang B, Chen Y, Zhao Z. A Hybrid Evolutionary Algorithm by Combination of PSO and GA for Unconstrained and Constrained Optimization Problems[C]// 2007 IEEE International Conference on Control and Automation, May 30-June 1, 2007, Guangzhou, China.New York: IEEE, 2007: 166-170.

[106] SELVAKUMAR, IMMANUEL A, THANUSHKODI K. A New Particle Swarm Optimization Solution to Non-Convex Economic Dispatch Problems[J]. IEEE Transactions on Power Systems: a Publication of the Power Engineering Society, 2007, 22(1): 42 -51.

[107] LIANG J J, QIN A K, Member S, et al. Comprehensive Learning Particle Swarm Optimizer for Global Optimization of Multimodal Functions[J]. IEEE Transactions on Evolutionary Computation, 2006, 10(3): 281-295.

[108] 高鹰，谢胜利. 免疫粒子群优化算法[J]. 计算机工程与应用，2004，40（6）：4-6, 33.

[109] 廖璟，申群太. 差分演化的微粒群算法[J]. 科学技术与工程，2007，7（8）：1628-1656.

[110] 张劲松，李歧强，王朝霞，等. 基于混沌搜索的混和粒子群优化算法[J]. 山东大学学报：工学版，2007，37（1）：47-50.

[111] 袁亚杰. 一种改进的人工蜂群算法[J]. 中国科技信息，2011（24）：102-103.

[112] 吴建辉，章兢，李仁发，等. 多子种群微粒群免疫算法及其在函数优化中应用[J]. 计算机研究与发展，2012，49（9）：1883-1898.

[113] KAVEH A, TALATAHARI S. Particle Swarm Optimizer, Ant Colony Strategy

and Harmony Search Scheme Hybridized for Optimization of Truss Structures[J]. Computers and Structures, 2009, 87(5): 267-283.

[114] CHEN X, TIANFIELD H, MEI C L, et al. Biogeography-Based Learning Particle Swarm Optimization[J]. Soft Computing, 2017, 21(24): 7519-7541.

[115] LVBJERG M, EVALIFE P G, THOMAS K R, et al. Hybrid Particle Swarm Optimiser with Breeding and Subpopulations[J]. Proceedings of the 3rd Annual Conference on Genetic and Evolutionary Computation, 2001(7): 469-476.

[116] CHEN K, ZHOU F Y, YIN L, et al. A Hybrid Particle Swarm Optimizer with Sine Cosine Acceleration Coefficients[J]. Information Sciences, 2018, 422: 218-241.

[117] HOLLAND J. Erratum: Genetic Algorithms and the Optimal Allocation of Trials[J].SIAM Journal on Computing, 2006, 3(4): 326-326.

[118] Juang C F. A Hybrid of Genetic Algorithm and Particle Swarm Optimization for Recurrent Network Design[J]. IEEE Transactions on Systems, Man and Cybernetics, Part B: Cybernetics, 2004, 34(2): 997-1006.

[119] KUO R J, SYU Y J, CHEN Z Y, et al. Integration of Particle Swarm Optimization and Genetic Algorithm for Dynamic Clustering[J]. Information Sciences, 2012, 195(7): 124-140.

[120] GHAMISI P, BENEDIKTSSON J A. Feature Selection Based on Hybridization of Genetic Algorithm and Particle Swarm Optimization[J].IEEE Geoscience and Remote Sensing Letters, 2015, 12(2): 309-313.

[121] TAN C, CHANG S, LIU L. Hierarchical Genetic-Particle Swarm Optimization for Bistable Permanent Magnet Actuator[J]. Applied Soft Computing, 2017, 61: 1-7.

[122] LIU X, AN H, WANG L, et al. An Integrated Approach to Optimize Moving Average Rules in the EUA Futures Market Based on Particle Swarm Optimization and Genetic Algorithms[J]. Applied Energy, 2017, 185: 1778-1787.

[123] GHOLAMI A, BONAKDARI H, EBTEHAJ I, et al. Uncertainty Analysis of Intelligent Model of Hybrid Genetic Algorithm and Particle Swarm Optimization with ANFIS to Predict Threshold Bank Profile Shape Based on Digital Laser Approach Sensing[J]. Measurement, 2018, 121: 294-303.

[124] GONG Y J, Li J J, ZHOU Y C, et al. Genetic Learning Particle Swarm

Optimization[J]. IEEE Transactions on Cybernetics, 2016, 46(10): 2277-2290.

[125] SHIEH H L, KUO C C, CHIANG C M. Modified Particle Swarm Optimization Algorithm with Simulated Annealing Behavior and Its Numerical Verification[J]. Applied Mathematics and Computation, 2011, 218(8): 4365-4383.

[126] LI J, ZHANG J Q, JIANG C J, et al. Composite Particle Swarm Optimizer with Historical Memory for Function Optimization[J]. IEEE Transactions on Cybernetics, 2015, 45(10): 2350-2363.

[127] HIGASHI N, IBA H. Particle Swarm Optimization with Gaussian Mutation[C]// In Proceedings of the IEEE Swarm Intelligence Symposium 2003: SIS 2003, April 24-26, 2003, Indianapolis, Indiana, USA. New York: IEEE, 2013: 72-79.

[128] OUYANG H B, GAO L Q, KONG X Y, et al. Hybrid Harmony Search Particle Swarm Optimization with Global Dimension Selection[J]. Information Sciences, 2016, 346(6): 318-337.

[129] AYDILEK I B. A Hybrid Firefly and Particle Swarm Optimization Algorithm for Computationally Expensive Numerical Problems[J]. Applied Soft Computing, 2018, 66: 232-249.

[130] BOUYER A, HATAMLOU A. An Efficient Hybrid Clustering Method Based on Improved Cuckoo Optimization and modified Particle Swarm Optimization Algorithms[J]. Applied Soft Computing, 2018, 67: 172-182.

[131] YU T, ZHANG Y, LIN K J. Efficient Algorithms for Web Services Selection with End-to-End QoS Constraints[J]. ACM Transactions on the Web: TWEB, 2007, 1(1): 6.

[132] CARDOSO J, SHETH A, MILLER J, et al.Quality of Service for Workflows and Web Service Processes[J]. Journal of Web Semantics, 2004, 1(3): 281-308.

[133] 巩世兵, 沈海斌. 仿生策略优化的鲸鱼算法研究[J]. 传感器与微系统, 2017, 36（12）: 10-12.

[134] AZIZ M A E, EWEES A A, HASSANIEN A E. Whale Optimization Algorithm and Moth-Flame Optimization for Multilevel Thresholding Image Segmentation[J]. Expert Systems with Applications, 2017, 83(10): 242-256.

[135] OLIV D, MOHAMED A E A, HASSANIEN A E. Parameter Estimation of Photovoltaic Cells Using an Improved Chaotic Whale Optimization Algorithm[J].

Applied Energy, 2017, 200(8): 141-154.

[136] ZHU A, XU C, Li Z. Hybridizing Grey Wolf Optimization with Differential Evolution for Global Optimization and Test Scheduling for 3D Stacked SoC [J]. Journal of Systems Engineering and Electronics, 2015(2): 317-328.

[137] LUO K. Enhanced Grey Wolf Optimizer with a Model for Dynamically Estimating the Location of the Prey [J]. Applied Soft Computing Journal, 2019, 77: 225-235.

[138] TU Q, CHEN X, LIU X. Multi-Strategy Ensemble Grey Wolf Optimizer and Its Application to Feature Selection [J]. Applied Soft Computing Journal, 2019, 76: 16-30.

[139] SAREMI S, MIRJALILI S Z, MIRJALILI S M. Evolutionary Population Dynamics and Grey Wolf Optimizer[J]. Neural Computing and Applications, 2015, 26(5): 1257-1263.

[140] SAREMI S, MIRJALILI S, LEWIS A. Grasshopper Optimisation Algorithm: Theory and Application [J]. Advances in Engineering Software, 2017, 105: 30-47.

[141] ATTIA E F. Electrical Characterisation of Proton Exchange Membrane Fuel Cells Stack Using Grasshopper Optimiser[J]. IET Renewable Power Generation, 2018, 12(1): 9-17.

[142] HOLLAND J H. Genetic Algorithms [J]. Scientific American, 1992, 267(1): 66-72.

[143] GU T, PUNG H K, ZHANG D Q. A Service-Oriented Middleware for Building Context-Aware Services[J]. Journal of Network and Computer Applications, 2005, 28(1): 1-18.

[144] CHUNG J Y, CHAO K M. A View on Service-Oriented Architecture[J]. Service Oriented Computing & Applications, 2007, 1(2): 93-95.

[145] OH S C, LEE D W, KUMARA S R T. Effective Web Service Composition in Diverse and Large-Scale Service Networks[J]. IEEE Transaction on Service Computing, 2008, 1(1): 15-32.

[146] SHENG Q Z, BENATALLAH B, MAAMAR Z, et al. Configurable Composition and Adaptive Provisioning of Web Services[J]. IEEE Transaction on Service Computing, 2009, 2(1): 34-49.

[147] LI X T, MADNICK S, ZHU H W, et al. An Approach to Composing Web Services with Context Heterogeneity[C]//IEEE International Conference on Web Services, July 6-10, 2009, Los Angeles, California, USA.New York: IEEE, 2009: 695-702.

[148] FEI X, Lu S. A Collectional Data Model for Scientific Workflow Composition[C]// IEEE International Conference on Web Services, July 5-10, 2010, Miami, Florida, USA.New York: IEEE, 2010: 567-574.

[149] QI L Y, TANG Y, DOU W C, et al. Combining Local Optimization and Enumeration for QoS-Aware Web Service Composition[C]//IEEE International Conference on Web Services, July 5-10, 2010, Miami, Florida, USA.New York: IEEE, 2010: 34-41.

[150] LUO S, XU B, SUN K W. Compose Real Web Services with Context[C]//IEEE International Conference on Web Services, July 5-10, 2010, Miami, Florida, USA.New York: IEEE, 2010: 630-631.

[151] JIANG W, ZHANG C, HUANG Z Q, et al. QSynth: A Tool for QoS-Aware Automatic Service Composition[C]//IEEE International Conference on Web Services, July 5-10, 2010, Miami, Florida, USA.New York: IEEE, 2010: 42-49.

[152] Menascé D A, Casalicchio E, Dubey V. On Optimal Service Selection in Service Oriented Architectures[J]. Performance Evaluation, 2009, 67(8): 659-675.

[153] BERBNER R, SPAHN M, REPP N, et al. Heuristics for QoS-Aware Web Service Composition[C]//IEEE International Conference on Web Services, September 18-22, 2006, Chicago, Illinois, USA.New York: IEEE, 2006: 72-82.

[154] AKINGBESOTE A O, ADIGUN M O, OLADOSU J B, et al. A Quality of Service Aware Multi-Level Strategy for Selection of Optimal Web Service[C]// International Conference on Adaptive Science and Technology, October 24-26, 2013, Pretoria, South Africa.New York: IEEE, 2013: 1-5.

[155] RAJ R J R, SASIPRABA T. Web Service Selection Based on Qos Constraints[C]// Trendz in Information Sciences and Computing: TISC, December 17-19, 2010, Chennai, India.New York: IEEE, 2010: 156-162.

[156] TANG M, AI L. A Hybrid Genetic Algorithm for the Optimal Constrained Web Service Selection Problem in Web Service Composition[C]// IEEE Congress on

Evolutionary Computation, July 18-23, 2010, Barcelona, Spain. New York: IEEE, 2010: 1-8.

[157] CANFORA G, DI PENTA M, Esposito R, et al. An approach for QoS-Aware Service Composition Based on Genetic Algorithms[C]//Proceedings of the 2005 Conference on Genetic and Evolutionary Computation, June 25-29, 2005, Washington, District of Columbia, USA.Berlin: ACM, 2005: 1069-1075.

[158] ZHANG W, CHANG C K, FENG T, et al. QoS-Based Dynamic Web Service Composition with Ant Colony Optimization[C]//IEEE 34th Annual Computer Software and Applications Conference, July 19-23, 2010, Seoul, Korea.New York: IEEE, 2010: 493-502.

[159] WANG R, MA L, CHEN Y. The Research of Web Service Selection Based on the Ant Colony Algorithm[C]//International Conference on Artificial Intelligence and Computational Intelligence, October 23-24, 2010, Sanya, China.New York: IEEE, 2010: 551-555.

[160] WANG X, WANG Z, XU X. An Improved Artificial Bee Colony Approach to QoS-Aware Service Selection[C]//Web Services: ICWS, 2013 IEEE 20th International Conference on, June 28-July 3, 2013, Santa Clara, CA, USA.New York: IEEE, 2013: 395-402.

[161] KOUSALYA G, PALANIKKUMAR D, Piriyankaa P R. Optimal Web Service Selection and Composition Using Multi-Objective Bees Algorithm[C]//IEEE Ninth International Symposium on Parallel and Distributed Processing with Applications Workshops, May 26-28, 2024, Busan, Korea.New York: IEEE, 2011: 193-196.

[162] DORIGO M, BIRATTARI M, STUTZLE T. Ant Colony Optimization[J]. IEEE Computational Intelligence Magazine, 2006, 1(4): 28-39.

[163] GUNTSCH M, MIDDENDORF M, SCHMECK H. An Ant Colony Optimization Approach to Dynamic TSP[J]. GECCO'01: Proceedings of the 3rd Annual Conference on Genetic and Evolutionary Computation, 2001(1): 860-867.

[164] GONG D, RUAN X. A Hybrid Approach of GA and ACO for TSP[C]// Fifth World Congress on Intelligent Control and Automation: IEEE Cat. No.04EX788, June 15-19, 2004, Hangzhou, China. New York: IEEE, 2004:

2068-2072.

[165] YANG Z, SHANG C, LIU Q, et al. A Dynamic Web Services Composition Algorithm Based on the Combination of Ant Colony Algorithm and Genetic Algorithm[J]. Journal of Computational Information Systems, 2010, 6(8): 8-2617.

[166] ZHENG X, LUO J, SONG A. Ant Colony System Based Algorithm for QoS-Aware Web Service Selection[C]//Grid Service Engineering and Management: the 4th International Conference on Grid Service Engineering and Management.Leipzig, September 25-26, 2007, Leipzig. Germany: DBLP, 2007: 39-50.

[167] KHAN S. Quality Adaptation in a Multisession Multimedia System: Model, Algorithms and Architecture [D]. Victoria: University of Victoria, 1998.

[168] AL-MASRI E, QUSAY H. MAHMOUD. Investigating Web Services on the World Wide Web[C]//Proceddings of the 17th International World Wide Web Conference, April 21-25, 2008, BeiJing, China.Berlin: ACM, 2008: 795-804.

[169] BENOUARET K, BENSLIMANE D, HADJALI A. On the Use of Fuzzy Dominance for Computing Service Skyline Based on Qos[C]//IEEE International Conference on Web Services, July 4-9, 2011, Washington, DC, USA.New York: IEEE, 2011: 540-547.

[170] FRANTI P, VIRMAJOKI O. Iterative Shrinking Method for Clustering Problems[J]. Pattern Recognition, 2005, 39(5): 761-775.

[171] 朱明. 数据挖掘[M]. 合肥：中国科学技术大学出版社，2002.

[172] 张成文，苏森，陈俊亮. 基于遗传算法的 QoS 感知的 Web 服务选择[J]. 计算机学报，2006，29（7）：1029-1037.

[173] MOHAN B C, BASKARAN R. A Survey: Ant Colony Optimization Based Recent Research and Implementation on Several Engineering Domain[J].Expert Systems with Applications, 2012, 39(4): 4618-4627.

[174] MARTÍn PEDEMONTE, NESMACHNOW S, Héctor Cancela. A Survey on Parallel Ant Colony Optimization[J].Applied Soft Computing, 2011, 11(8): 5181-5197.

[175] 印莹，张斌，张锡哲. 面向组合服务动态自适应的事务级主动伺机服务替

换算法[J]. 计算机学报，2010，33（11）：2147-2162.

[176] 高岩，张少鑫，张斌，等. 基于 SOA 架构的 Web 服务组合系统[J]. 小型微型计算机系统，2007，28（4）：729-733.

[177] BLAKE M B, CUMMINGS D J. Workflow Composition of Service Level Agreements[C]// IEEE International Conference on Services Computing: SCC 2007, July 9-13, 2007, Salt Lake City, UT, USA.New York: IEEE, 2007: 138-145.

[178] CARDELLINI V, CASALICCHIO E, GRASSI V, et al. Moses: A Framework for Qos Driven Runtime Adaptation of Service-Oriented Systems[J]. IEEE Transactions on Software Engineering, 2012, 38(5): 1138-1159.

[179] COELLO C A C. Recent Trends In Evolutionary Multiobjective Optimization[M] Evolutionary Multiobjective Optimization. London: Springer, 2005: 7-32.

[180] Wiesemann W, Hochreiter R, Kuhn D. A Stochastic Programming Approach for Qos-Aware Service Composition[C]//2008 Eighth IEEE International Symposium on Cluster Computing and the Grid: CCGRID, May 19-22, 2007, Lyon, France.New York: IEEE, 2008: 226-233.

[181] GUO H, HUAI J, LI H, et al. Angel: Optimal Configuration for High Available Service Composition[C]//IEEE International Conference on Web Services: ICWS 2007, July 9-13, 2007, Salt Lake City, UT, USA.New York: IEEE, 2007: 280-287.

[182] CALINESCU R, GRUNSKE L, KWIATKOWSKA M, et al. Dynamic QoS Management and Optimization in Service-Based Systems[J]. IEEE Transactions on Software Engineering, 2011, 37(3): 387-409.

[183] MENASCE D A, CASALICCHIO E, DUBEY V. A Heuristic Approach to Optimal Service Selection in Service Oriented Architectures[C]//Proceedings of the 7th International Workshop on Software and Performance, June 23-25, 2008, Princeton, New Jersey, USA.Berlin: ACM, 2008: 13-24.

[184] NGUYEN X T, KOWALCZYK R, PHAN M T. Modelling and Solving Qos Composition Problem Using Fuzzy Discsp[C]//IEEE International Conference on Web Services: ICWS'06, September 18-22, 2006, Chicago, IL, USA.New York: IEEE, 2006: 55-62.

[185] LIN M, XIE J, GUO H, et al. Solving QoS-Driven Web Service Dynamic Composition as Fuzzy Constraint Satisfaction[C]//IEEE International Conference on E-Technology, E-Commerce and E-Service, March 29-April 1, 2005, Hong Kong, China.New York: IEEE, 2005: 9-14.

[186] 王尚广, 孙其博, 杨放春. 基于全局 QoS 约束分解的 Web 服务动态选择 [J]. 软件学报, 2011, 22 (7): 1426-1439.

[187] 黄发良, 张师超, 朱晓峰. 基于多目标优化的网络社区发现方法[J]. 软件学报, 2013, 24 (09): 2062-2077.

[188] Deb K, Pratap A, Agarwal S, et al. A Fast and Elitist Multiobjective Genetic Algorithm: NSGA-II[J]. IEEE Transactions on Evolutionary Computation, 2002, 6(2): 182-197.

[189] While L, Bradstreet L, Barone L. A Fast Way of Calculating Exact Hypervolumes[J]. IEEE Transactions on Evolutionary Computation, 2012, 16(1): 86-95.